普通高等教育食品类专业"十二五"规划教材
高等学校食品类国家特色专业建设教材

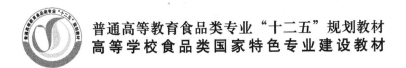

食品化学实验

SHIPIN HUAXUE SHIYAN

邵秀芝 郑艺梅 黄泽元◎主编

U0340669

郑州大学出版社
郑 州

内容提要

本书共分9章,内容体系按食品中成分的检测设置了基础型、综合设计型和创新型实验。第1章食品中水分的检测,第2章食品中糖类的检测,第3章食品中脂类的检测,第4章食品中蛋白质的检测,第5章食品中酶的检测,第6章食品中色素的检测,第7章食品中维生素和矿物质的检测,第8章食品添加剂的应用实验,第9章设计及创新型实验。本书可作为食品科学与工程、食品质量与安全以及其他相关专业的本科生或研究生的教材,也可作为从事食品生产与加工的专业技术人员的参考书。

图书在版编目(CIP)数据

食品化学实验/邵秀芝,郑艺梅,黄泽元主编. —郑州:郑州
大学出版社,2013.12(2018.7重印)
普通高等教育食品类专业规划教材
ISBN 978-7-5645-1613-0

Ⅰ.①食… Ⅱ.①邵…②郑…③黄… Ⅲ.①食品化
学-实验-高等学校-教材 Ⅳ.①TS201.2-33

中国版本图书馆 CIP 数据核字(2013)第 262743 号

郑州大学出版社出版发行
郑州市大学路40号
出版人:张功员
全国新华书店经销
北京虎彩文化传播有限公司印制
开本:787 mm×1 092 mm 1/16
印张:12.5
字数:299 千字
版次:2013 年 12 月第 1 版

邮政编码:450052
发行部电话:0371-66966070

印次:2018 年 7 月第 2 次印刷

书号:ISBN 978-7-5645-1613-0   定价:23.00 元

Food 编写指导委员会

本书作者

主　　编　邵秀芝　郑艺梅　黄泽元

主　　审　黄泽元

副 主 编　谢新华　李　红　宁维颖

编写人员　（按姓氏笔画排序）
　　　　　宁维颖　李　红　张平安
　　　　　陈芸芸　陈海燕　邵秀芝
　　　　　郑艺梅　黄泽元　谢新华

序

　　近年来,我国高等教育事业快速发展,取得了举世瞩目的成就,为我国经济社会的快速、健康和可持续发展以及高等教育自身的改革发展作出了巨大贡献,但是,还不能完全适应经济社会发展的需要,迫切需要进一步深化高等学校教育教学改革,提高人才培养的能力和水平,更好地满足经济社会发展对高素质创新性人才的需要。为此,国家实施了高等学校本科教学质量与教学改革工程,进一步确立了人才培养是高等学校的根本任务,质量是高等学校的生命线,教学工作是高等学校各项工作的中心的指导思想,把深化教育教学改革、全面提高高等教育教学质量放在了更加突出的位置。

　　专业建设、课程建设和教材建设是高等教育"质量工程"的重要组成部分,是提高教学质量的关键。"质量工程"实施以来,在专业建设、课程建设方面取得了明显的成果,而教材是这些成果的直接体现,同时也是深化教学内容和教学方法改革的重要载体。为此,教育部要求加强立体化教材建设,提倡和鼓励学术水平高、教学经验丰富的教师,根据教学需要编写适应不同层次、不同类型院校,具有不同风格和特点的高质量教材。郑州大学出版社按照这样的要求和精神,在教育部食品科学与工程专业教学指导委员会的指导下,在全国范围内,对食品类专业的培养目标、规格标准、培养模式、课程体系、教学内容等,进行了广泛而深入的调研,在此基础上,组织全国二十余所学校召开了食品类专业教育教学研讨会、教材编写论证会,组织学术水平高、教学经验丰富的一线教师,编写了本套系列教材。

　　教育教学改革是一个不断深化的过程,教材建设是一个不断推陈出新、反复锤炼的过程,希望这套教材的出版对食品类专业教育教学改革和提高教育教学质量起到积极的推动作用,也希望使用教材的师生多提意见和建议,以便及时修订、不断完善。

编写指导委员会

2010 年 11 月

前　言

　　食品化学是食品科学与工程专业重要的一门专业基础课。食品化学实验是食品化学课程的重要组成部分,对巩固和加深理解食品化学的理论知识,加强学生动手能力以及分析实际问题的能力具有重要作用。本教材编写过程中,把食品化学实验与食品分析实验和食品工艺学实验进行综合整合,尽量避免与食品分析实验和食品工艺学实验的重复,充分体现食品化学的理论在食品生产中的应用。在实验内容的设计上,按照食品中化学成分的分类,体现与食品化学教材内容的吻合;在实验体系方面,设计了"基础型—综合设计型—创新型"三个层次的实验体系,从而起到有利于提高学生的综合能力和创新能力。

　　本教材的编写者大多是从事食品化学实验教学的一线教师,教学经验丰富,教材内容是编写者在长期的教学和科研过程中不断提炼而成,编写过程中力求达到实用、理论与实践结合。本教材适用于本科生或研究生,同时也为从事食品科学与工程领域工作的科研、生产和管理人员提供参考。

　　教材由齐鲁工业大学邵秀芝和宁维颖、闽南师范大学郑艺梅和陈芸芸、武汉轻工大学黄泽元、河南农业大学谢新华和张平安、郑州轻工业学院李红和吉林农业大学发展学院陈海燕教师编写。全书共分9章,各章编写人员为:邵秀芝和宁维颖编写第1章和第9章的实验一至实验八;黄泽元编写第3章和第6章的实验一至实验八;郑艺梅和陈芸芸编写第2章的实验十和实验十一、第5章的实验五和实验六、第6章的实验九、第8章的实验四和实验五、第9章的实验九和实验十;谢新华编写第2章的实验一至实验九;李红编写第5章的实验一至实验四和第7章;张平安编写第4章;陈海燕编写第8章的实验一至实验三。全书由邵秀芝统稿,黄泽元主审。

　　本书的编写广泛参考和引用了国内外相关作者的文献资料,在此,谨向相关作者表示诚挚的敬意和衷心的感谢。同时,郑州大学出版社为本书的顺利出版给予了大力的支持和帮助,在此表示由衷的谢意。

　　鉴于编者水平有限,书中难免有不足、错误和不当之处,敬请广大读者批评指正。

编者

2013 年 5 月 20 日

目录

第 *1* 章

食品中水分的检测

实验一　食品中水分活度的测定

水分活度与食品稳定性之间有着密切的联系,除影响化学反应和微生物生长外,对食品的质构也有重要影响。因为水分活度能反映水与各种非水成分缔合的强度,比水分含量能更可靠的预示食品的稳定性。通过测定和控制食品的水分活度,可以预测潜在的腐败微生物和污染源,降低生化反应速率,优化食品的质构和货架期等,因此水分活度成为产品稳定性和微生物安全的有用指标。

食品中的水分活度(A_w)可以近似地表示为食品中水的蒸汽压与该温度下纯水的饱和蒸汽压之比,可用式(1.1)表示。

$$A_w \approx \frac{p}{p_0} = \frac{ERH}{100} \tag{1.1}$$

式中:p——食品在密闭容器中达到平衡状态时的水蒸气分压;

　　p_0——在同一温度下纯水的饱和蒸汽压;

　　ERH(equilibrium relative humidity)——食品样品周围的空气平衡相对湿度。

在食品工业中对于水分活度的测定方法很多,如扩散法、蒸汽压力法、电湿度计法、溶剂萃取法、近似计算法和水分活度测定仪等。测定食品水分活度的国家标准 GB/T 23490—2009 中,规定了康威皿扩散法和水分活度仪扩散法,其中康威皿扩散法为仲裁法,本标准适用于预包装谷物制品类、肉制品类、水产制品类、蜂产品类、薯类制品类、水果制品类、蔬菜制品类、乳粉、固体饮料的食品水分活度的测定,不适用于冷冻和含挥发性成分的食品。

方法一　康威皿扩散法

一、实验原理

试样在康威(Conway)微量扩散皿的密封和恒温条件下,分别在A_w较高和较低的标准饱和溶液中扩散平衡后,根据样品质量的增加(在A_w较高的标准溶液中平衡)和减少(在A_w较低的标准溶液中平衡)的量,以质量的增减为纵坐标,各个标准试剂的水分活度值为横坐标,计算试样的水分活度值。

该法适用于中等及高水分活度$(A_w>0.5)$的样品,是一种测定食品水分活度值快速、方便、广泛应用的分析方法。

二、实验试剂与仪器

1.试剂

凡士林,各种标准饱和盐溶液的A_w值见表 1.1。

表 1.1　标准饱和盐溶液的 A_w 值(25 ℃)

试剂名称	A_w	100 mL 水中的溶解度/g	试剂名称	A_w	100 mL 水中的溶解度/g
氯化锂 $LiCl \cdot H_2O$	0.110	102.5	硝酸钠 $NaNO_3$	0.737	96.0
醋酸镁 $C_4H_6MgO_4 \cdot 4H_2O$	0.224	44.8	氯化钠 $NaCl$	0.752	36.3
氯化镁 $MgCl_2 \cdot 6H_2O$	0.330	230.8	溴化钾 KBr	0.807	70.6
碳酸钾 $K_2CO_3 \cdot 2H_2O$	0.427	122.7	氯化钾 KCl	0.842	37.0
硝酸锂 $LiNO_3 \cdot 3H_2O$	0.476	154.1	氯化钡 $BaCl_2 \cdot 2H_2O$	0.901	74.2
硝酸镁 $Mg(NO_3)_2 \cdot 6H_2O$	0.528	182.8	硝酸钾 KNO_3	0.924	45.8
溴化钠 $NaBr \cdot 2H_2O$	0.577	133.6	硫酸钾 K_2SO_4	0.969	13.0
氯化锶 $SrCl_2 \cdot 6H_2O$	0.708	166.7	重铬酸钾 $K_2Cr_2O_7 \cdot 2H_2O$	0.986	18.2

2. 主要仪器

分析天平(精度为 0.000 1 g)、恒温箱、康威微量扩散皿(外径 78 mm,见图 1.1)、坐标纸、玻璃皿(直径 25 ~ 28 mm、深度 7 mm)。

3. 试样

饼干、苹果等。

三、实验步骤

1. 从表 1.1 中至少选取 3 种标准饱和盐溶液,分别在 3 个康威皿的外室预先放入上述标准饱和盐溶液 5.0 mL(标准饱和盐溶液的水分活度值处在试样的高、中、低端)。

2. 在预先准确称量过的玻璃皿中,准确称取 1.000 0 g 的均匀切碎样品,记下玻璃皿和试样的总质量,迅速放入康威皿的内室中。在扩散皿磨口边缘均匀地涂上一层凡士林,加盖密封。

3. 在(25±0.5) ℃的恒温箱中静置(2±0.5)h。取出其中的玻璃皿及试样,迅速准确

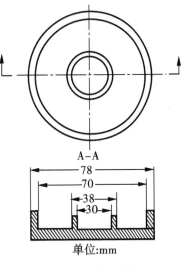

A－A

单位:mm

图 1.1　康威微量扩散皿

称量,并求出样品的质量。再次平衡30 min后,称量,至恒重为止。分别计算试样在不同标准饱和盐溶液的质量增减数。

四、结果计算

以各种标准饱和盐溶液在25 ℃时的A_w值为横坐标,以每克试样增减的毫克数为纵坐标,在坐标纸上作图,将各点连接成一条直线,这条线与横坐标的交点即为所测试样的水分活度值。

以水分活度的计算实例来说明,例如,在图1.2中,A点是试样与氯化镁标准饱和溶液平衡后质量减少20.2 mg,B点是试样与硝酸镁标准饱和溶液平衡后质量减少5.2 mg,C点是试样与氯化钠标准饱和溶液平衡后质量增加11.1 mg。这3种标准饱和盐溶液的A_w分别为0.33、0.53、0.75,把这3点连成一线与横坐标相交于D点,D点的水分活度值0.60即为该试样的A_w值。

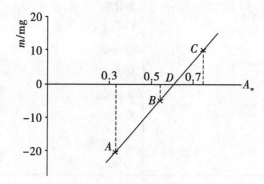

图1.2　A_w值测定图解

五、注意事项

1. 取样时应该迅速,各份试样称量应在同一条件下进行。
2. 康威皿应该具有良好的密封性。
3. 试样的大小、形状对测定结果影响不大。
4. 大多数样品在2 h后可测得A_w,但有的样品如米饭类、油脂类、油浸烟熏类则需4 d左右才能测定。为此,需加入样品量0.2%的山梨酸作防腐剂,并以其水溶液作空白。

方法二　水分活度仪法

一、实验原理

水分活度仪法是在一定温度下,利用测定仪上的传感器装置——湿敏元件,根据食品中水的蒸汽压力的变化,从仪器的表头上读出指示的水分活度。在测定试样前需校正水分活度测定仪。

常见的水分活度仪大都是以此为原理研制的,其主要差异仅仅是相对湿度传感器的类型不同,如 Rotronic 采用的是湿敏电容、Novasina 采用的是湿敏电阻,而 Aqualab 采用的则是冷镜露点法。

二、实验试剂与仪器

1. 试剂

氯化钡饱和溶液。

2. 主要仪器

水分活度测定仪、研钵、恒温箱等。

3. 试样

面包、饼干、肉、鱼、果蔬块等。

三、实验步骤

1. 仪器校正。用小镊子将两张滤纸浸在 $BaCl_2$ 饱和溶液中,待滤纸均匀地浸湿后,轻轻地把它放在仪器的样品盒内,然后将具有传感器装置的表头放在样品盒上,小心拧紧,移至 20 ℃ 恒温箱中维持恒温 3 h 后,再将表头上的校正螺丝拧动使 A_w 值为 0.900。重复上述过程再校正一次。

2. 样品测定。取经 15～25 ℃ 恒温后的试样 1～2 g,置于仪器样品盒内,保持表面平整而不高于盒内垫圈底部。然后将具有传感器装置的表头置于样品盒上(切勿使表头沾上样品)轻轻地拧紧,保持恒温放置 2 h 以后,不断从仪器表头上观察仪器指针的变化状况,待指针恒定不变时,所指示数值即为此温度下试样的 A_w 值。

如果实验条件不在 20 ℃ 恒温测定,可根据表 1.2 所列的 A_w 校正值将其校正为 20 ℃ 时的数值。

表 1.2　A_w 值的温度校正表

温度/℃	校正值	温度/℃	校正值
15	−0.010	21	+0.002
16	−0.008	22	+0.004
17	−0.006	23	+0.006
18	−0.004	24	+0.008
19	−0.002	25	+0.010

四、注意事项

1. 取样时,对于果蔬类样品应迅速捣碎或按比例取汤汁与固形物,肉和鱼等样品需适当切细。

2. 测定前用氯化钡饱和溶液校正仪器。

3.所用的玻璃器皿应该清洁干燥,否则会影响测量结果。

4.测量表头为贵重的精密器件,在测定时,必须轻拿轻放,切勿使表头直接接触样品和水;若不小心接触了液体,需蒸发干燥进行校准后才能使用。

⇨ **思考题**

1.阐述测定水分活度的原理及方法。

2.水分活度与食品储藏稳定性的关系。

实验二　糖浓度对果汁水分活度的影响

一、实验原理

　　水分活度是食品组成和温度的函数,受食品组成的影响较大。食品中的含水量越大,体相水越多,水分活度就越大,反之,非水物质越多,结合水越多,其水分活度就越小。

二、实验试剂与仪器

　　1. 试剂

　　蔗糖、氯化钡饱和溶液、凡士林、标准饱和盐溶液见表 1.1。

　　2. 主要仪器

　　打浆机、电子天平、水分活度测定仪、研钵、滤布、恒温箱、康威微量扩散皿、坐标纸、玻璃皿等。

　　3. 试样

　　柑橘。

三、实验方案提示

　　1. 柑橘汁制备。500 g 柑橘去皮后放入打浆机中,加入 150 mL 蒸馏水,打浆,过滤得柑橘汁。

　　2. 配制柑橘汁。在柑橘汁中分别加入 4%、8%、12%、16%、20% 的蔗糖,在室温下搅拌均匀并溶解。

　　3. 测定配制柑橘汁的水分活度。水分活度的测定方法见本章实验一。

四、预期结果

　　1. 在一定温度下,测定不同蔗糖浓度的柑橘汁的水分活度。

　　2. 在一定糖浓度的条件下,测定不同温度时柑橘汁的水分活度。

⇨ **思考题**

糖浓度和温度对水分活度有何影响? 为什么?

实验三　食品玻璃化转变温度的测定

　　食品的玻璃化转变是影响食品品质和稳定性的关键因素,准确测量食品的玻璃化转变温度(T_g)可以为食品保藏提供适宜的参数。目前应用最广泛的测定 T_g 方法有差示扫描量热法(DSC)、动力机械分析法(DMA)、热机械法(TMA)、动态热机械法(DMTA),另外还有核磁共振法(NMR)等。对于简单的高分子体系,T_g 可以采用差示扫描量热仪测定,而对于复杂的大多数食品体系,一般可以采用动态机械分析方法、动态热机械分析方法、核磁共振技术等测定。本实验介绍差示扫描量热法。

一、实验原理

　　差示扫描量热法是一种热分析法,是在程序控制温度下,测量输入到试样与参比物的热流量差(或功率差)随温度(或时间)变化的一种技术。DSC 用于研究食品体系的玻璃化转变是基于体系在发生相转变时会出现吸热或放热现象。在加热扫描过程中,当体系发生相转变时,吸热曲线会出现一个台阶,此时的温度就是玻璃化转变温度。在测定 T_g 时,有时 DSC 曲线的台阶不明显,一般采用退火处理或预热处理使 DSC 曲线的台阶变大,减少测定误差。根据所用测定方法不同,分为功率补偿型和热流型两种,DSC 的工作原理见图1.3,测得的曲线称为 DSC 曲线。

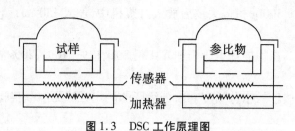

图 1.3　DSC 工作原理图

二、实验试剂与仪器

　　1. 主要仪器

　　差示扫描量热仪、液氮、铝坩埚、封压机、分析天平、水分测定仪等。

　　2. 试样

　　小麦淀粉、玉米淀粉。

三、实验步骤

　　1. 仪器的校正。实验前,接通仪器电源至少 1 h,使电器元件温度平衡。将具有相同质量的两个空样品皿放置在样品支持器上,将仪器调制到实际测量的条件。在要求的温度范围内,DSC 曲线应是一条直线。

　　2. 制样。称取 5~10 mg(精确到 0.01 mg)试样放入铝样品皿中,使样品与样品皿有良好的接触,加盖密封。一般采用空样品做参比,可重复使用。

　　3. 打开 DSC 炉体(室温),小心地用镊子平整的将制备好的试样和参比皿放入样品池(左边放待测样,右边放参比),盖上炉盖。

4.在 20 ℃恒温 1 min,控制升温速度 10 ℃/min,当温度达到设定限制温度 200 ℃时,测量结束。

四、曲线分析

DSC 曲线中以样品吸热或放热的速率,即热流率 dH/dt(卡/秒)为纵坐标,以温度 T 或时间 t 为横坐标,其典型图谱如图 1.4 所示。

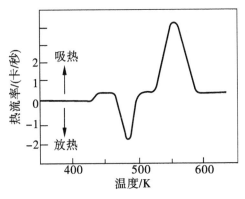

图 1.4　DSC 典型综合图谱

在 DSC 曲线中,取基线及曲线弯曲部的外延线的交点或者取曲线的拐点,所对应的温度即是试样的 T_g。

五、注意事项

1.升温速率影响 DSC 曲线的峰温和峰形,一般升温速率越大,峰温越高,峰形越大和越尖锐。

2.试样用量不宜过多,否则会使试样内部传热慢,温度梯度大,导致峰形扩大,分辨力下降。

3.试样的颗粒度和几何形状都会影响曲线形状,大颗粒热阻较大,使试样的熔融温度和熔融热焓偏低;试样几何形状应该增大试样与试样盘的接触面积,减少试样的厚度并采用慢的升温速率。

4.对同一样品采取不同的方法,或者相同的方法不同的实验条件,T_g 有较大的差别。

⇨ 思考题

影响玻璃化转变温度的因素有哪些?

第 2 章

食品中糖类的检测

实验一 食品中低聚糖含量的测定

方法一 大豆低聚糖含量的测定

大豆低聚糖是以大豆、大豆粕或大豆胚芽为原料生产的,含有一定量的水苏糖、棉籽糖和蔗糖等低聚糖的产品。根据大豆低聚糖产品的外观特性,产品分为糖浆型和粉末型。

一、实验原理

大豆低聚糖用80%乙醇溶解后,经 0.45 μm 滤膜过滤,采用反相键合相色谱测定。试样中的各组分在同一时刻进入色谱柱,由于在流动相和固定相之间的溶解、吸附、渗透或离子交换等作用的不同,随流动相在色谱柱两相之间进行反复多次的分配。由于各组分在色谱柱中的移动速度不同,经过一定长度的色谱柱后,彼此分离开来。按顺序流出色谱柱,进入信号检测器,在记录仪上或数据处理装置上显示出各组分的谱峰数值。根据色谱峰保留时间定性,根据峰面积或峰高定量,各单体的含量之和为大豆低聚糖含量。

二、实验试剂与仪器

1. 试剂

水(符合 GB/T 6682 一级水的要求)、乙腈(色谱纯)、80%乙醇溶液。

低聚糖标准溶液:分别称取蔗糖、棉籽糖、水苏糖标准品(含量均应≥98%)各 1.000 g 用80%乙醇溶液溶解,摇匀,并定容至 100 mL。每毫升溶液分别含蔗糖、棉籽糖、水苏糖 10 mg。经 0.45 μm 滤膜过滤,滤液供高效液相色谱分析用。

2. 主要仪器

电子天平、高效液相色谱仪[色谱条件为示差折光检测器(RID),色谱柱 KromasiL 100 氨基柱,250 mm×4.6 mm,或相同性质的填充柱。流动相乙腈:水 = 80:20(体积比);流速 1.0 mL/min;色谱柱温度 30 ℃,检测器温度 30 ℃,进样量 10 μL]。

3. 试样

大豆粕。

三、实验步骤

1. 试样制备。称取试样约 1 g(精确到 0.000 1 g),加 80%乙醇溶液溶解并稀释定容至 100 mL。混匀,经 0.45 μm 滤膜过滤,滤液备作 HPLC 分析用。

2. 测定

(1)校准曲线的制备。分别取低聚糖标准糖液 1 μL、2 μL、3 μL、4 μL、5 μL(相当于各低聚糖质量 10 μg、20 μg、30 μg、40 μg、50 μg)注入液相色谱仪,进行高效液相色谱分析,测定各组分色谱峰面积(或峰高),以标准糖质量对相应的峰面积(或峰高)作校准曲线,或用最小二乘法求回归方程。

（2）样品测定。在相同的色谱分析条件下，取 10 μL 试样溶液注入高效液相色谱仪分析，测定各组分色谱面积（或峰高），与标准曲线比较确定进样液中低聚糖 i 组分的质量（mg）。

四、结果计算

用式（2.1）计算产品中大豆低聚糖的含量。

$$X = \frac{\sum m_i \times V \times 100}{V_1 \times m \times 1\,000 \times (100 - \omega)} \times 100 \tag{2.1}$$

式中：X——产品中大豆低聚糖的含量（以质量分数计），%；

m_i——低聚糖组分的质量，mg；

V——样品溶液体积，μL；

V_1——进样体积，μL；

m——样品质量，g；

ω——样品水分（以质量分数计），%。

计算结果保留三位有效数字。

方法二　低聚异麦芽糖含量的测定（单柱法）

低聚异麦芽糖（IMO）的主要成分为 α-1,6-糖苷键结合的异麦芽糖（IG_2）、潘糖（P）、异麦芽三糖（IG_3）及四糖（含四糖）以上（G_n）的低聚糖。按形态可分为低聚异麦芽糖浆和低聚异麦芽糖粉；按干物质含量分为低聚异麦芽糖 50 型（IMO-50 型）和低聚异麦芽糖 90 型（IMO-90 型）。国际上通常采用高效液相色谱双柱法进行测定，但该方法不能体现出糊精对产品质量的影响，而单柱法可以很好地反映出糊精的影响。

一、实验原理

低聚异麦芽糖进入高效液相色谱仪后，依据各组分在同一时刻进入色谱柱，而后在流动相和固定相之间溶解、吸附、渗透或离子交换等作用的不同，随流动相在色谱柱两相之间进行反复多次的分配。由于各组分在色谱柱中的移动速度不同，经过一定长度的色谱柱后，彼此分离开来。按顺序流出色谱柱，进入信号检测器，在记录仪上或数据处理装置上显示出各组分的谱峰数值。根据保留时间对照定性，依据峰面积用外标法定量。

二、实验试剂与仪器

1. 试剂

水（二次蒸馏水或超纯水）、乙腈（色谱纯）。

葡萄糖、麦芽糖、异麦芽糖、麦芽三糖、潘糖、异麦芽三糖、麦芽四糖、异麦芽四糖、麦芽五糖、麦芽六糖的标准品，纯度应为 95% 以上，用每种糖的标准品在 0.5～10 mg/mL 范围内配制 6 个不同浓度的标准液系列。

2. 主要仪器

分析天平(0.1 mg)、微量进样器(10 μL)、高效液相色谱仪(配有示差折光检测器和柱恒温系统,色谱柱:氨基键合柱,TSKgeL Amide-80,4.6 mm×250 mm;或分析效果相类似的其他色谱柱)。流动相真空抽滤脱气装置及 0.2 μm、0.45 μm 微孔滤膜。

3. 试样

糖浆或糖粉。

三、实验步骤

1. 样液的制备。称取糖浆或糖粉样品 0.5 g(以干物质计,应使各种糖组分含量在标准液系列范围内,否则可适当增加或减少取样量),称准至 0.1 mg。加水溶解,移入50 mL容量瓶中并用水定容至刻度。用 0.2 μm 或 0.45 μm 水相微孔滤膜过滤,滤液备用。

2. 色谱条件。流动相为乙腈:水 = 67:33(体积比)。在测定的前一天接通示差折光检测器电源,预热稳定,安上色谱柱,调柱温至 75 ℃,以 0.1 mL/min 的流速通入流动相平衡过夜。正式进样分析前,将所用流动相输入参比池 20 min 以上。再恢复正常流路使流动相经过样品池,调节流速至 1.0 mL/min。走基线,待基线走稳后即可进样,进样量为 5 ~ 10 μL。

3. 绘制标准曲线。将每种糖的标准液系列分别进样后,以标样浓度对峰面积作标准曲线。线性相关系数应为 0.999 0 以上。

4. 样品测定。将制备好的试样进样。根据标准品的保留时间定性样品中各种组分的色谱峰。根据样品的峰面积,以外标法计算各种糖组分的含量(质量)。

四、结果计算

某种糖分的含量按式(2.2)计算。

$$X_i = \frac{A_i \times m_s \times V}{A_s \times m \times V_s} \times 100 \qquad (2.2)$$

式中:X_i——样品中某种糖分的百分含量(占干物质的质量分数),%;

　　A_i——样品中某种糖分的峰面积;

　　m_s——标准样品中某种糖分标准品的质量,g;

　　V——样品的稀释体积,mL;

　　A_s——标准样品中某种糖分标准品的峰面积;

　　m——样品的质量,g;

　　V_s——标准样品稀释体积,mL。

方法三　低聚异麦芽糖含量的测定（双柱法）

一、实验原理

低聚异麦芽糖依据在色谱柱中移动速度的差异，彼此分离开来。按顺序流出色谱柱，进入信号检测器，在记录仪上或数据处理装置上显示出各组分的谱峰数值。根据保留时间对照定性，依据峰面积用归一法定量。

二、实验试剂与仪器

1. 试剂

二次蒸馏水或超纯水、乙腈（色谱纯）。葡萄糖、麦芽糖、异麦芽糖、麦芽三糖、潘糖、异麦芽三塘、麦芽四糖、异麦芽四糖、麦芽五糖、麦芽六糖的标准品，纯度应为95%以上，分别用水配成0.5%的水溶液。

2. 主要仪器

分析天平（0.1 mg）、微量进样器（10 μL）、高效液相色谱仪［配有示差折光检测器和柱恒温系统，色谱柱条件为钙型阳离子交换树脂柱：Aminex HPX–42A（BIO–RAD），7.8 mm×300 mm，或分析效果相类似的其他色谱柱；氨基键合柱，TSKgeL Amide–80，4.6 mm×250 mm；或分析效果相类似的其他色谱柱］。流动相真空抽滤脱气装置及0.2 μm、0.45 μm微孔滤膜。

3. 试样

糖浆或糖粉。

三、实验步骤

（一）样液的制备

称取糖浆或糖粉样品0.5 g（以干物质计，应使各种糖组分含量在标准液系列范围内，否则可适当增加或减少取样量），称准至0.000 1 g。加水溶解，移入50 mL容量瓶中并用水定容至刻度。用0.2 μm或0.45 μm水相微孔滤膜过滤，滤液备用。

（二）试样的测定

钙型阳离子交换树脂柱：流动相为纯水。在测定的前一天接通示差折光检测器电源，预热稳定，安上色谱柱，调柱温至85 ℃，以0.1 mL/min的流速通入流动相平衡过夜。正式进样分析前，将所用流动相输入参比池20 min以上。再恢复正常流路使流动相经过样品池，调节流速至0.6 mL/min。走基线，待基线走稳后即可进样，进样量为5~10 μL。

将葡萄糖、麦芽糖、麦芽三糖、麦芽四糖、麦芽五糖、麦芽六糖的标准溶液和制备好的试样分别进样。根据标准品的保留时间定性样品中各种糖组分的色谱峰。根据样品的峰面积，以归一化法计算糖组分的百分含量。

氨基键合柱：流动相为乙腈∶水＝67∶33（体积比）。在测定的前一天接通示差折光检测器电源，预热稳定，安上色谱柱，调柱温至75 ℃，以0.1 mL/min的流速通入流动相平衡过夜。正式进样分析前,将所用流动相输入参比池 20 min 以上。再恢复正常流路使流动相经过样品池,调节流速至 1.0 mL/min。走基线,待基线走稳后即可进样,进样量为 5 ~ 10 μL。

将葡萄糖、麦芽糖、异麦芽糖、麦芽三糖、潘糖、异麦芽三糖、麦芽四糖、异麦芽四糖、麦芽五糖、麦芽六糖的标准溶液和制备好的试样分别进样。根据样品的保留时间定性样品中各种糖组分的色谱峰。根据样品的峰面积,以归一化法计算各种糖组分的百分含量。

四、结果计算

1. 钙型阳离子交换树脂柱,样品中组分 i 占总糖的百分含量按式(2.3)计算。

$$DP_i = \frac{A_i}{\sum A_i} \times 100 \tag{2.3}$$

式中:DP_i——样品中组分 i 占总糖的百分含量,% ;

    A_i——样品中组分 i 的峰面积;

    $\sum A_i$——样品中各组分峰面积之和。

2. 氨基键合柱,样品中葡萄糖占总糖的百分含量按式(2.4)计算。

$$G_1 = DP_1 \tag{2.4}$$

3. 样品中异麦芽糖占总糖的百分含量按式(2.5)计算。

$$IG_2 = \frac{A_{IG_2}}{A_{G_2} + A_{IG_2}} \times DP_2 \tag{2.5}$$

4. 样品中潘糖占总糖的百分含量按式(2.6)计算。

$$P = \frac{A_P}{A_{G_2} + A_P + A_{IG_3}} \times DP_3 \tag{2.6}$$

5. 样品中异麦芽三糖占总糖的百分含量按式(2.7)计算。

$$IG_3 = \frac{A_{IG_3}}{A_{G_3} + A_P + A_{IG_3}} \times DP_3 \tag{2.7}$$

6. 样品中四糖(含四糖)占总糖的百分含量按式(2.8)计算。

$$G_n = 100 - DP_1 - DP_2 - DP_3 \tag{2.8}$$

式中:$G_1(DP_1)$——样品中葡萄糖占总糖的百分含量,% ;

    IG_2——样品中异麦芽糖占总糖的百分含量,% ;

    A_{IG_2}——样品中异麦芽糖的峰面积;

    A_{G_2}——样品中麦芽糖的峰面积;

    DP_2——样品中二糖占总糖的百分含量,% ;

    P——样品中潘糖占总糖的百分含量,% ;

    A_P——样品中潘糖的峰面积;

    A_{G_3}——样品中麦芽三糖的峰面积;

    A_{IG_3}——样品中异麦芽三糖的峰面积;

    DP_3——样品中三糖占总糖的百分含量,% ;

IG_3——样品中异麦芽三糖占总糖的百分含量,% ;

G_n——样品中四糖(含四糖)以上占总糖的百分含量,%。

计算结果保留至整数。

思考题

测定低聚糖时影响含糖量的因素有哪些?

实验二 食品中粗纤维含量的测定

一、实验原理

试样在硫酸作用下,其中的糖、淀粉、果胶质和半纤维素经水解除去后,再用碱处理,除去蛋白质及脂肪酸,剩余的残渣为粗纤维。如其中含有不溶于酸碱的杂质,可灰化后除去。适用于植物类食品中粗纤维含量的测定。

二、实验试剂与仪器

1. 试剂

1.25% 硫酸、1.25% 氢氧化钠溶液、5% 氢氧化钠溶液、20% 盐酸溶液、乙醇、乙醚。

2. 主要仪器

电子天平、干燥箱、马弗炉、坩埚、干燥器、石棉(加 5% 氢氧化钠溶液浸泡石棉,在水浴上回流 8 h 以上,再用热水充分洗涤,然后用 20% 盐酸在沸水浴上回流 8 h 以上,再用热水充分洗涤,干燥。在 600 ~ 700 ℃ 中灼烧后,加水使成混悬物,储存于玻塞瓶中)、亚麻布等。

3. 试样

小麦、玉米等。

三、实验步骤

1. 称取 20 ~ 30 g 捣碎的试样(或 5.0 g 干试样),移入 500 mL 锥形瓶中,加入 200 mL 煮沸的 1.25% 硫酸,半分钟内加热至微沸,保持体积恒定,维持 30 min,每隔 5 min 摇动锥形瓶一次,以充分混合瓶内的物质。

2. 取下锥形瓶,立即用亚麻布过滤后,用沸水洗涤至洗液不呈酸性。

3. 再用 200 mL 煮沸的 1.25% 氢氧化钠溶液,将亚麻布上的存留物洗入原锥形瓶内加热微沸 30 min 后,取下锥形瓶,立即以亚麻布过滤,以沸水洗涤 2 ~ 3 次后,移入已干燥称量的 G2 垂融坩埚或同型号的垂融漏斗中,抽滤,用热水充分洗涤后,抽干。再依次用乙醇和乙醚洗涤一次。将坩埚和内容物在 105 ℃ 烘箱中烘干后称量,重复操作,直至恒量。

如试样中含有较多的不溶性杂质,则可将试样移入石棉坩埚,烘干称量后,再移入550 ℃ 高温炉中灰化,使含碳的物质全部灰化,置于干燥器内,冷却至室温称量,所损失的量即为粗纤维量。

四、结果计算

试样中粗纤维含量按式(2.9)计算。

$$X = \frac{G}{m} \times 100\% \qquad (2.9)$$

式中:X——试样中粗纤维的含量,%;

　　G——残余物的质量(或经高温炉损失的质量),g;

　　m——试样的质量,g;

　　计算结果表示到小数点后一位。

➡ **思考题**

1. 粗纤维的主要成分是什么?
2. 测定粗纤维过程中,应注意哪些事项?

实验三　食品中膳食纤维含量的测定

膳食纤维指植物的可食部分,不能被人体小肠消化吸收,对人体有健康意义,聚合度(degree of poLymerization)≥3 的碳水化合物和木质素,包括纤维素、半纤维素、果胶、菊粉等。

一、实验原理

干燥试样经 α-淀粉酶、蛋白酶和葡萄糖苷酶酶解消化,去除蛋白质和淀粉,酶解后样液用乙醇沉淀、过滤,残渣用乙醇和丙酮洗涤,干燥后物质即为总膳食纤维(total dietary fiber,TDF)残渣;另取试样经上述三种酶酶解后直接过滤,残渣用热水洗涤,经干燥后称重,即得不溶性膳食纤维(insoluble dietary fiber,IDF)残渣;滤液用 4 倍体积的 95% 乙醇沉淀、过滤、干燥后称重,得可溶性膳食纤维(soluble dietary fiber,SDF)残渣。以上所得残渣干燥称重后,分别测定蛋白质和灰分,TDF、IDF 和 SDF 的残渣扣除蛋白质、灰分和空白,即可计算出试样中 TDF、IDF 和 SDF 的含量。

本方法测定的 TDF 是指不能被 α-淀粉酶、蛋白酶和葡萄糖苷酶酶解消化的碳水化合物聚合物,包括纤维素、半纤维素、木质素、果胶、部分回生淀粉、果聚糖及美拉德反应产物等;一些小分子(聚合度 3 ~ 12)的可溶性膳食纤维,如低聚果糖、低聚半乳糖、多聚葡萄糖、抗性麦芽糊精和抗性淀粉等,由于能部分或全部溶解在乙醇溶液中,所以本方法不能准确地测量食品中膳食纤维的含量。

二、实验试剂与仪器

1.试剂

水为二级水[电导率(25 ℃)≤0.10 ms/m]、95% 乙醇、丙酮,试剂均为分析纯。

85% 乙醇溶液:取 895 mL 95% 乙醇置于 1 000 mL 容量瓶中,用水稀释至刻度,混匀。

78% 乙醇溶液:取 821 mL 95% 乙醇置于 1 000 mL 容量瓶中,用水稀释至刻度,混匀。

热稳定 α-淀粉酶溶液、淀粉葡萄糖苷酶溶液、蛋白酶溶液(用 MES-TRIS 缓冲液配成浓度为 50 mg/mL 的蛋白酶溶液),现用现配,于 0 ~ 5 ℃储存。

0.05 mol/L MES-TRIS 缓冲液:称取 19.52 g MES[2-(N-吗啉代)乙烷磺酸($C_6H_{13}NO_4S \cdot H_2O$)]和 12.2 g TRIS[三羟甲基氨基甲烷($C_4H_{11}NO_3$)],用 1 700 mL 蒸馏水溶解,用 6 mol/L 氢氧化钠调 pH 值至 8.2,加水稀释至 2 000 mL。

酸洗硅藻土:取 200 g 硅藻土于 600 mL 的 2 mol/L 盐酸中,浸泡过夜,过滤,用蒸馏水洗至滤液为中性,置于(525±5)℃马弗炉中灼烧灰分后备用。

重铬酸钾洗液:100 g 重铬酸钾,用 200 mL 蒸馏水溶解,加入 1 800 mL 浓硫酸混合。

注:一定要根据温度调 pH 值,24 ℃时调 pH 值为 8.2;20 ℃时调 pH 值为 8.3;28 ℃时调 pH 值为 8.1;20 ℃和 28 ℃之间的偏差,用内插法校正。

3 mol/L 乙酸溶液:取 172 mL 乙酸,加入 700 mL 水,混匀后用水定容至 1 000 mL。

0.4 g/L 溴甲酚绿($C_{21}H_{14}O_5Br_4S$)溶液:称取 0.1 g 溴甲酚绿于研钵中,加 1.4 mL 0.1 mol/L 氢氧化钠研磨,加少许水继续研磨,直至完全溶解,用水稀释至 250 mL。

石油醚:沸程 30～60 ℃。

2. 主要仪器

分析天平(精度 0.1 mg)、马弗炉、烘箱、干燥器、pH 计(用 pH 值 4.0、7.0 和 10.0 标准缓冲液校正)、磁力搅拌器、高型无导流口烧杯 400 mL 或 600 mL、坩埚、真空泵或有调节装置的抽吸器、振荡水浴。

3. 试样

小麦、玉米等。

三、实验步骤

(一)样品制备

样品处理时若脂肪含量未知,膳食纤维测定前应先脱脂。用石油醚脱脂,每次每克试样用 25 mL 石油醚,连续 3 次,然后再干燥粉碎。要记录由石油醚造成的试样损失,最后在计算膳食纤维含量时进行校正。

将样品混匀后,70 ℃ 真空干燥过夜,然后置于干燥器中冷却,干样粉碎后过 0.3～0.5 mm 筛。若样品不能受热,则采取冷冻干燥后再粉碎过筛。若样品糖含量高,测定前要先进行脱糖处理。按每克试样加 85% 乙醇 10 mL 处理样品 2～3 次,40 ℃ 下干燥过夜。粉碎过筛后的试样存放于干燥器中待测。

(二)试样酶解

每次分析试样要同时做 2 个试剂空白。

(1)准确称取双份样品(m_1 和 m_2)(1.000 0±0.002 0)g,把称好的试样置于 400 mL 或 600 mL 高脚烧杯中,加入 pH＝8.2 的 MES-TRIS 缓冲液 40 mL,用磁力搅拌直至试样完全分散在缓冲液中(避免形成团块,试样和酶不能充分接触)。

(2)热稳定 α-淀粉酶酶解。加 50 mL 热稳定 α-淀粉酶溶液缓慢搅拌,然后用铝箔将烧杯盖住,置于 95～100 ℃ 的恒温振荡水浴中持续振摇,当温度升至 95 ℃ 开始计时,一般反应时间为 35 min。

(3)冷却。将烧杯从水浴中移出,冷却至 60 ℃,打开铝箔盖,用刮勺将烧杯内壁的环状物以及烧杯底部的胶状物刮下,用 10 mL 蒸馏水冲洗烧杯壁和刮勺。

(4)蛋白酶酶解。在每个烧杯中各加入(50 mg/mL)蛋白酶溶液 100 μL,盖上铝箔,继续水浴振摇,水温达 60 ℃ 时开始计时,在(60±1)℃ 条件下反应 30 min。

(5)pH 值测定。30 min 后,打开铝箔盖,边搅拌边加入 3 mol/L 乙酸溶液 5 mL。溶液 60 ℃ 时,调 pH 值约为 4.5(以 0.4 g/L,溴甲酚绿为外指示剂)。

注:一定要在 60 ℃ 时调 pH 值,温度低于 60 ℃ pH 值升高。每次都要检测空白的 pH 值,若所测值超出要求范围,同时也要检查酶解液的 pH 值是否合适。

(6)淀粉葡萄糖苷酶酶解。边搅拌边加入 100 μL 淀粉葡萄糖苷酶溶液,盖上铝箔,持续振摇,水温到 60 ℃ 时开始计时,在(60±1)℃ 条件下反应 30 min。

(三)测定

1. 总膳食纤维的测定

(1)沉淀。在每份试样中加入预热至 60 ℃ 的 95% 乙醇 225 mL(预热以后的体积),

乙醇与样液的体积比为 4∶1，取出烧杯，盖上铝箔，室温下沉淀 1 h。

（2）过滤。用 78% 乙醇 15 mL 将称重过的坩埚中的硅藻土润湿并铺平，抽滤去除乙醇溶液，使坩埚中硅藻土在烧结玻璃滤板上形成平面。乙醇沉淀处理后的样品酶解液倒入坩埚中过滤，用刮勺和 78% 乙醇将所有残渣转至坩埚中。

（3）洗涤。分别用 78% 乙醇、95% 乙醇和丙酮 15 mL 洗涤残渣各 2 次，抽滤去除洗涤液后，将坩埚连同残渣在 105 ℃ 烘干过夜。将坩埚置于干燥器中冷却 1 h，称重（包括坩埚、膳食纤维残渣和硅藻土），精确至 0.1 mg。减去坩埚和硅藻土的干重，计算残渣质量。

（4）蛋白质和灰分的测定。称重后的试样残渣，用凯氏定氮法测定 N，以 N×6.25 为换算系数，计算蛋白质质量；灰分测定，即在 525 ℃ 灰化 5 h，于干燥器中冷却，精确称量坩埚总质量（精确至 0.1 mg），减去坩埚和硅藻土质量，计算灰分质量。

2. 不溶性膳食纤维测定

（1）按上述（二）称取试样，进行酶解。将酶解液转移至坩埚中过滤。过滤前用 3 mL 水润湿硅藻土并铺平，抽去水分使坩埚中的硅藻土在烧结玻璃滤板上形成平面。

（2）过滤洗涤。试样酶解液全部转移至坩埚中过滤，残渣用 70 ℃ 热蒸馏水 10 mL，洗涤 2 次，合并滤液，转移至另一个 600 mL 高脚烧杯中，备测可溶性膳食纤维。残渣分别用 78% 乙醇、95% 乙醇和丙酮 15 mL 各洗涤 2 次，抽滤去除洗涤液，并按上述洗涤干燥称重，记录残渣质量。按上述方法测定蛋白质和灰分含量。

3. 可溶性膳食纤维测定

（1）计算滤液体积。将不溶性膳食纤维过滤后的滤液收集到 600 mL 高型烧杯中，通过称"烧杯+滤液"总质量、扣除烧杯质量的方法估算滤液的体积。

（2）沉淀。滤液加入 4 倍体积预热至 60 ℃ 的 95% 乙醇，室温下沉淀 1 h。以下测定按总膳食纤维步骤进行。

四、结果计算

1. 空白的质量按式（2.10）计算。

$$m_B = \frac{m_{BR1} + m_{BR2}}{2} - m_{PB} - m_{AB} \qquad (2.10)$$

式中：m_B——空白的质量，mg；

m_{BR1} 和 m_{BR2}——双份空白测定的残渣质量，mg；

m_{PB}——残渣中蛋白质质量，mg；

m_{AB}——残渣中灰分质量，mg。

2. 膳食纤维的含量按式（2.11）计算。

$$X = \frac{(m_{R1} + m_{R2})/m_P - m_A - m_B}{(m_1 + m_2)/2} \times 100 \qquad (2.11)$$

式中：X——膳食纤维的含量，g/100 g；

m_{R1} 和 m_{R2}——双份试样残渣的质量，mg；

m_P——试样残渣中蛋白质的质量，mg；

m_A——试样残渣中灰分的质量，mg；

m_B——空白的质量，mg；

m_1 和 m_2——试样的质量,mg。

计算结果保留到小数点后两位。两次独立测定结果的绝对差值不得超过算术平均值的 10%。

总膳食纤维(TDF)、不溶性膳食纤维(IDF)、可溶性膳食纤维(SDF)均用式(2.11)计算。

▶ 思考题

1. 膳食纤维的主要成分有哪些?

2. 在测定可溶性和不溶性膳食纤维时应注意哪些问题?

实验四　食品中淀粉含量的测定

一、实验原理

试样经去除脂肪及可溶性糖类后,淀粉用淀粉酶水解成小分子糖,再用盐酸水解成单糖,最后按还原糖测定,并折算成淀粉含量。

二、实验试剂与仪器

1. 试剂

碘(I_2)、碘化钾(KI)、无水乙醇(C_2H_5OH)、乙醚($C_4H_{10}O$)、甲苯(C_7H_8)、三氯甲烷($CHCl_3$)、盐酸(HCl)、氢氧化钠(NaOH)、硫酸铜($CuSO_4 \cdot 5H_2O$)、酒石酸钾钠($C_4H_4O_6KNa \cdot 4H_2O$)、亚铁氰化钾$[K_4Fe(CN)_6 \cdot 3H_2O]$、葡萄糖($C_6H_{12}O_6$)、石油醚($C_nH_{2n+2}$)(沸程为 60～90 ℃)、淀粉酶(酶活力≥1.6 U/mg)、亚甲蓝($C_{16}H_{18}CIN_3S \cdot 3H_2O$)指示剂,试剂均为分析纯。

甲基红($C_{15}H_{15}N_3O_2$)指示剂(2 g/L):称取甲基红 0.20 g,用少量乙醇溶解后,并定容至 100 mL。

氢氧化钠溶液(200 g/L):称取 20.00 g 氢氧化钠,加水溶解并定容至 100 mL。

碱性酒石酸铜甲液:称取 15.00 g 硫酸铜及 0.050 g 亚甲蓝,溶于水并定容至 1 000 mL。

碱性酒石酸铜乙液:称取 50.00 g 酒石酸钾钠、75.00 g 氢氧化钠,溶于水中,再加入 4 g 亚铁氰化钾,完全溶解后,用水定容至 1 000 mL,储存于橡胶塞玻璃瓶内。

葡萄糖标准溶液:准确称取 1.000 0 g 经过 98～100 ℃ 干燥 2 h 的葡萄糖,加水溶解后加入 5 mL 盐酸,并以水定容至 1 000 mL。此溶液每毫升相当于 1.0 mg 葡萄糖。

淀粉酶溶液(5 g/L):称取淀粉酶 0.5 g,加水溶解,定容至 100 mL,现用现配;或者加入数滴甲苯或三氯甲烷防止长霉,储存于 4 ℃ 冰箱中。

碘溶液:称取 3.6 g 碘化钾溶于 20 mL 水中,加入 1.3 g 碘,溶解后加水定容至 100 mL。

85% 乙醇:量取 85 mL 无水乙醇,加水定容至 100 mL 混匀。

2. 主要仪器

水浴锅、滴定管等。

3. 试样

小麦、玉米等。

三、实验步骤

(一)试样处理

(1)易于粉碎的试样。磨碎过 40 目筛,称取 2～5 g(精确至 0.001 g)。置于放有折叠滤纸的漏斗内,先用 50 mL 石油醚或乙醚分 5 次洗除脂肪,再用约 150 mL 乙醇(85%)洗去可溶性糖类,滤干乙醇,将残留物移入 250 mL 烧杯内,并用 50 mL 水洗滤纸,洗液并入烧杯内,将烧杯置沸水浴上加热 15 min,使淀粉糊化,放冷至 60 ℃ 以下,加 20 mL 淀粉酶溶液在 55~60 ℃ 保温 1 h,并不时搅拌。然后取一滴此液加一滴碘溶液,应不呈现蓝色,若显蓝色再加热糊化并加 20 mL 淀粉酶溶液,继续保温,直至加碘不显蓝色为止。加热至沸,冷后移入 250 mL 容量瓶中,并加水至刻度,混匀,过滤,弃去初滤液。取 50 mL 滤液,置于 250 mL 锥形瓶中,加 5 mL 盐酸(1:1),而后装上回流冷凝器,在沸水浴中回流 1 h,冷后加两滴甲基红指示液,用氢氧化钠溶液(200 g/L)中和至中性,溶液转入 100 mL 容量瓶中,洗涤锥形瓶,洗液并入 100 mL 容量瓶中,加水至刻度,混匀备用。

(2)其他样品。加适量水在组织捣碎机中捣成匀浆(蔬菜、水果需先洗净、晾干,取可食部分),称取原样质量 2.5~5 g(精确至 0.001 g)的匀浆,以下操作同上。

(二)测定

(1)标定碱性酒石酸铜溶液。吸取 5.0 mL 碱性酒石酸铜甲液及 5.0 mL 碱性酒石酸铜乙液,置于 150 mL 锥形瓶中,加水 10 mL,加入玻璃珠两粒,从滴定管加约 9 mL 葡萄糖,控制在 2 min 内加热至沸,趁沸以每秒一滴的速度继续滴加葡萄糖,直至溶液蓝色刚好褪去为终点,记录消耗葡萄糖标准溶液的总体积,同时做三份平行,取其平均值,计算每 10 mL(甲液、乙液各 5 mL)碱性酒石酸铜溶液相当于葡萄糖的质量。

注:也可按上述方法标定 4~20 mL 碱性酒石酸铜溶液(甲乙各半)来适应试样中还原糖的浓度变化。

(2)试样溶液预测。吸取 5.0 mL 碱性酒石酸铜甲液及 5.0 mL 碱性酒石酸乙液,置于 150 mL 锥形瓶中,加水 10 mL,加入玻璃珠两粒,控制在 2 min 内加热至沸,保持沸腾以先快后慢的速度,从滴定管中滴加试样溶液,并保持溶液沸腾状态,待溶液颜色变浅时,以每秒一滴的速度滴定,直至溶液蓝色刚好褪去为终点,记录样液消耗体积。当样液中还原糖浓度过高时,应适当稀释后再进行正式测定,使每次滴定消耗样液的体积控制在与标定碱性酒石酸铜溶液时所消耗的还原糖标准溶液的体积相近,在 10 mL 左右。

(3)试样溶液测定。吸取 5.0 mL 碱性酒石酸铜甲液及 5.0 mL 碱性酒石酸乙液,置于 150 mL 锥形瓶中,加水 10 mL,加入玻璃珠两粒,从滴定管滴加比预测体积少 1 mL 的试样溶液至锥形瓶中,使在 2 min 内加热至沸,保持沸腾。以每秒一滴的速度滴定,直至溶液蓝色刚好褪去为终点,记录样液消耗体积,同法平行操作三份,得出平均消耗体积。

同时量取 50 mL 水及与试样处理时间时相同量的淀粉酶溶液,按同一方法做空白试验。

四、结果计算

试样中还原糖的含量按式(2.12)计算。

$$X = \frac{A}{m \times \dfrac{V}{250} \times 1\,000} \times 100 \tag{2.12}$$

式中:X——试样中还原糖的含量(以葡萄糖计),g/100 g;

A——碱性酒石酸铜溶液(甲液、乙液各半)相当于葡萄糖的质量,mg;

m——试样质量,g;

V——测定时平均消耗试样溶液体积,mL;

250——样品溶液的总体积,mL。

试样中淀粉的含量按式(2.13)计算。

$$X = \frac{(A_1 - A_2) \times 0.9}{m \times \dfrac{50}{250} \times \dfrac{V}{100} \times 1\,000} \times 100 \tag{2.13}$$

式中:X——试样中淀粉的含量(以葡萄糖计),g/100 g;

　　A_1——测定用试样中葡萄糖的质量,mg;

　　A_2——空白中葡萄糖的质量,mg;

　　0.9——以葡萄糖计换算成淀粉的换算系数;

　　m——称取试样质量,g;

　　V——测定用试样处理液的体积,mL。

计算结果保留小数点后一位。

⇨ **思考题**

　1.影响淀粉含量测定的因素有哪些?

　2.测定淀粉含量的方法及原理有哪些?

实验五　淀粉黏度的测定

一、实验原理

利用黏度仪测量并绘制淀粉黏度曲线,从而确定不同温度时淀粉和变性淀粉的黏度。

二、实验试剂与仪器

1. 试剂

蒸馏水或去离子水。

2. 主要仪器

分析天平(0.1 g)、布拉班德黏度仪(Viscograph-E 型、Viscograph-PT100 型)、500 mL 锥形瓶、具塞玻璃瓶。

3. 试样

小麦淀粉、玉米淀粉等。

三、实验步骤

1. 称样。称取一定量的样品(精确至 0.1 g)于 500 mL 锥形瓶中,加入一定量的水,使得试样总量为 460 g。

2. 仪器准备。启动布拉班德黏度仪,打开冷却水源。黏度仪的测定参数为转速 75 r/min,测量范围 700 cmg,黏度单位 BU 或 mPa·s。

3. 测定程序。以 1.5 ℃/min 的速率从 35 ℃升至 95 ℃,在 95 ℃保温 30 min,再以 1.5 ℃/min 的速率降温至 50 ℃,在 50 ℃保温 30 min。

4. 装样。充分摇动锥形瓶,将其中的悬浮物倒入布拉班德载样筒中,再将载样筒放入布拉班德黏度仪中。

5. 测量。按照布拉班德黏度仪操作规程启动实验,可测定不同 pH 值条件下黏度的变化情况。

四、结果表示

测量结束后,仪器会绘出图谱(图2.1)。从图谱中获得相关评价指标,有样品的成糊温度、峰值黏度以及回生值、降落值等特征值。同时在黏度曲线上也可直接读出不同温度时的黏度值。

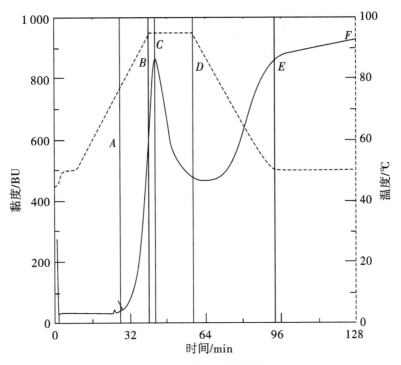

图 2.1 淀粉的黏度曲线

A:成糊温度;B:95 ℃开始保温时的温度;C:峰值黏度;D:95 ℃保温结束时的温度;
E:50 ℃开始保温时的温度;F:50 ℃保温结束时的温度

➡ 思考题

影响淀粉黏度的因素有哪些?

实验六 豆类淀粉和薯类淀粉的老化——粉丝和粉条的制备与感官评价

一、实验原理

粉条是以红薯淀粉或马铃薯淀粉或豆类淀粉为主要原料,经和浆(打糊)、成型(漏粉)、冷却、干燥或不干燥(冷藏或冷冻)等工序制成的条状或丝状非即食性食品。粉条的生产主要是利用淀粉老化的特性,即在淀粉中加入适量水,加热搅拌糊化成淀粉糊,冷却或冷冻后,变得不透明甚至凝结而沉淀,这种现象为淀粉的老化。

二、实验试剂与仪器

1. 试剂

明矾。

2. 主要仪器

电子天平、水浴锅、冰箱、烘箱、5～10 mm孔径的多孔容器或分析筛。

3. 试样

红薯淀粉、马铃薯淀粉、绿豆淀粉。

三、实验步骤

(一)粉丝的制备

将10 g绿豆粉加入适量开水使其糊化,然后再加90 g生绿豆粉,搅拌均匀至无块,不粘手,再用底部有5～7 mm孔径的多孔容器或分析筛将淀粉糊状物漏入沸水锅中,煮沸30 min使其糊化,捞出水冷10 min(或捞出置于-20 ℃冰箱中冷冻处理),再捞出置于盘中,于烘箱中干燥,即为粉丝。

(二)粉条的制备

(1)配料和面。称取含水量为35%以下的马铃薯淀粉300 g,加水150 g配料。先取15 g淀粉放入盆内,再加入10 g温水调成稀浆,然后将剩余开水和马铃薯淀粉依次加入,迅速用木棒按同一方向搅动,搅拌均匀,使和好的面含水量在48%～50%之间,面温保持在40 ℃左右。

(2)沸水漏条。先在锅内加水至九成满,煮沸,再把和好的面装入孔径为10 mm的多孔容器或分析筛上试漏,当漏出的粉条直径达到0.6～0.8 mm时,为定距高度,然后往沸水锅里漏,边漏边往外捞,锅内水量始终保持在第一次出条时的水位,锅内控制在微开程度。

(3)冷浴干燥。将漏入沸水锅里的粉条,捞出放入冷水槽内(或捞出置于-20 ℃冰箱中冷冻处理),搭在架上,再放入15 ℃水中5～10 min,取出后架在3～10 ℃空间内阴晾1～2 h,以增强其韧性。然后在烘箱内干燥,使含水量达20%,即为粉条。

(4)粉丝或粉条质量感官评价。按实验制得的粉丝或粉条,任意选出5个产品,编号为 1,2,3,4,5,用加权平均法对 5 个产品进行感官质量评价。

(5)粉丝或粉条感官评分参考细则见表2.1。

表 2.1　粉丝或粉条感官评分参考细则

项目	打分标准	分值/分
组织形态	粗细均匀(宽粉条厚薄均匀),无并条,无碎条,手感柔韧,有弹性	20~25
	粗细不匀,有并条及碎条,柔韧性及弹性均差	12~19
	粗细不匀,有大量的并条和碎条,有霉斑	0~11
色泽	色泽纯净,带有光泽,透明度好	20~25
	色泽不纯净,颜色不均匀,微有光泽,透明度不好	12~19
	表面粗糙,无光泽,无透明度	0~11
气味和滋味	气味和滋味均正常,无任何异味,口感细腻滑润,软硬适中,嚼劲足	20~25
	气味和滋味均正常,口感较滑润,软硬适中,嚼劲较大	14~19
	平淡无味或微有异味,有些许粗涩感,质地软,嚼劲一般	8~13
	有霉味、苦涩味或其他外来滋味,口感有沙土存在,质地软,嚼劲差	0~7
杂质	无肉眼可见外来杂质,通体洁净	20~25
	有少许肉眼可见外来杂质	12~19
	有大量杂质或有恶性杂质	0~11

注:进行粉条色泽的感官鉴别时,将产品在亮光下直接观察;进行粉条组织状态的感官鉴别时,先进行直接观察,然后用手弯、折,以感知其韧性和弹性;进行粉条气味与滋味的感官鉴别时,可取样品直接嗅闻,然后将粉条用沸水浸泡片刻再嗅其气味;将泡软的粉条放在口中细细咀嚼,品尝其滋味

➡ **思考题**

影响淀粉老化的因素有哪些?

实验七　酶法制备淀粉糖浆及其 *DE* 值的测定

一、实验原理

淀粉是由葡萄糖为单元构成的天然高分子化合物,一般含直链淀粉 20% ~30% 和支链淀粉 70% ~80%。将淀粉悬浮液加热到 55 ~80 ℃时,淀粉颗粒之间的氢键作用力减弱,并快速进行不可逆溶胀,体积膨胀数十倍,继续加热淀粉胶束崩溃,形成单分子淀粉分子,与水结合形成具有黏性的糊状液体,这一现象称为淀粉糊化。利用双酶法水解可制备淀粉糖浆,就是糊化淀粉经过 α-淀粉酶作用 α-1,4 糖苷键生成小分子糊精、低聚糖和葡萄糖,而后经过糖化酶酶解将糊精、低聚糖中的 α-1,6 糖苷键和 α-1,4 糖苷键切断,生成葡萄糖。

二、实验试剂与仪器

1. 试剂

液化型 α-淀粉酶(酶活力 6 000 单位/g)、糖化酶(酶活力为 4 万 ~5 万单位/g)、费林试剂 A 和 B、亚甲基蓝指示剂、10% 氢氧化钠溶液、5% 碳酸钠溶液、5% 氯化钙溶液,试剂均为分析纯。

费林试剂:储液 A——将硫酸铜($CuSO_4 \cdot 5H_2O$)69.3 g 加水溶解并定容至 1 000 mL;储液 B——酒石酸钾钠($KNaC_4H_4O_6 \cdot 4H_2O$)346.0 g 和氢氧化钠(NaOH)100.0 g,加水定容至 1 000 mL。若有沉淀,使用前过滤。混合费林试剂溶液是将 100 mL 储液 A 和 100 mL 储液 B 倒入干燥试剂瓶中,并混合均匀。(注:此液现用现配)

D-葡萄糖标准溶液:称取 0.600 g 无水 *D*-葡萄糖(预先在 105 ℃烘干至恒重),精确至 0.000 1 g,溶解于水中,再将溶液定量移入 100 mL 的容量瓶内,用水定容至刻度,并摇匀,现用现配。

2. 主要仪器

电子天平、锥形瓶、容量瓶、碱式滴定管、碘量瓶、恒温水浴锅等。

3. 试样

玉米淀粉、木薯淀粉或甘薯淀粉。

三、实验步骤

(一)淀粉糖浆的制备

称取 100.00 g 淀粉置于 400 mL 烧杯中,加水 200 mL,搅拌均匀,配成淀粉浆,用 5% 碳酸钠调节 pH 值为 6.2 ~6.3,加入 2 mL 5% 氯化钙溶液,于 90 ~95 ℃水浴上加热,并不断搅拌,直到淀粉浆完全成糊,这时加入液化型 α-淀粉酶 60 mg,不断搅拌使其液化,并保持温度在 70 ~80 ℃搅拌 20 min,取样分析 *DE* 值。然后将烧杯移至电炉加热至沸,灭酶 10 min。过滤,滤液冷却至 55 ℃,加入糖化酶 200 mg,调节 pH 值为 4.5,于 60 ~62 ℃恒温水浴中糖化 3 ~4 h(3 h 取样分析控制 *DE* 值为 42 左右)即为淀粉糖浆。若要得浓浆,可进一步浓缩。

(二) *DE* **值的测定**

(1)混合费林试剂的标定。吸取 25 mL 混合费林试剂于锥形瓶中,加入 18 mL *D*-葡萄糖标准溶液,振荡后迅速升温,控制在(120±15)s 内开始沸腾,保持蒸汽充满锥形瓶,并持续在整个滴定过程中,以防止空气进入锥形瓶中溶液,沸腾持续 2 min 后,加入 1 mL 亚甲基蓝指示剂,用 *D*-葡萄糖标准溶液滴定至蓝色消失,记下消耗的体积。

(2)调整 *D*-葡萄糖初加量为 1.0 mL,其余步骤同上,但滴定过程要在 1 min 内完成,整个沸腾时间不超过 3 min,记下消耗体积 V_1。

(3)第三次滴定时,为达到时间上的要求,可调整 *D*-葡萄糖的初加量,其余步骤同上。终体积应在 19～21 mL,计算二次滴定的平均体积数 V_1。

(4)样品的制备。样品应混合均匀后装入一个密封容器内。样品为粉状或晶体时,应粉碎后混合装入;样品是非晶体的固体时,应将其放入一个密闭容器内,浸在 60～70 ℃水浴锅内熔化,随后冷却至室温,带盖摇动几次,以使容器内所用的冷凝水与样品充分混合;样品是液体时,就在容器内搅动,若表面有凝结,除去表皮。

(5)样品的测定

1)称取样品,精确至 0.001 g,使样品中还原糖的含量在 2.85～3.15 g(以无水葡萄糖计)之间。将样品溶于水,然后将溶液定量地转移至 500 mL 的容量瓶中,加水至刻度并充分摇匀。

2)滴定。吸取 25 mL 混合费林试剂于锥形瓶中,滴加 15 mL 处理好的样品,振荡后迅速升温,控制在(120±15)s 内开始沸腾,保持蒸汽充满烧瓶,加入 1 mL 亚甲基蓝指示剂,再滴定至蓝色消失。如果在样品液未加入任何指示剂时蓝色消失,那么要降低样品液的浓度,重新滴定,记下消耗的体积。(注:样品液消耗的体积基本上应在 19～21 mL 之间,若超过,则增加或降低样品液的浓度)

四、结果计算

1.还原力按式(2.14)计算。

$$RP = \frac{0.600 \times V_1}{100} \times \frac{500}{V_2} \times \frac{100}{m} = \frac{300 \times V_1}{V_2 \times m} \qquad (2.14)$$

式中:*RP*——还原力,g;

　　　V_1——混合费林试剂在标定时所消耗的 *D*-葡萄糖标准溶液的体积,mL;

　　　V_2——在测定时所消耗的样品液的体积,mL;

　　　m——配制 500 mL 样品液时样品的质量,g。

2.葡萄糖当量按式(2.15)计算。

$$DE = \frac{RP \times 100}{DMC} \qquad (2.15)$$

式中:*DE*——葡萄糖当量,g/100 g;

　　　DMC——样品的干物质含量,%。

取平行实验的算术平均值为结果。平行实验结果的绝对差值应不超过算术平均值的 0.75%。

思考题

1. 淀粉糖浆制备过程中加入氯化钙的作用是什么？
2. 如何提高糖浆的 *DE* 值？
3. 为什么要进行样品溶液的预测，不预测会导致什么后果？

实验八　食品中非酶褐变程度的测定

一、实验原理

食品中非酶褐变的美拉德反应前期,反应液以无紫外吸收的无色溶液为特征。随着反应不断进行,还原力逐渐增强,溶液由无色变为黄色,在近紫外区吸收增大,同时还有少量糖脱水形成 5-羟甲基糠醛(HMF),以及发生键断裂形成二羰基化合物和色素的初产物,最后生成类黑精色素。本实验为模拟实验,即葡萄糖与甘氨酸在一定 pH 值缓冲溶液中加热反应,一定时间后测定 HMF 的含量和在波长为 285 nm 处的紫外消光值。

HMF 的测定方法是根据 HMF 与对一氨基甲苯和巴比妥酸在酸性条件下的呈色反应,此反应常温下生成最大吸收波长 550 nm 的紫红色物质,不受糖的影响,所以可以直接测定,这种呈色物对光、氧气不稳定,操作时要注意。

二、实验试剂与仪器

1. 试剂

1 mol/L 葡萄糖溶液、1 mol/L 甘氨酸溶液或赖氨酸溶液。

巴比妥酸溶液:称取巴比妥酸 500 mg,加水 70 mL,水浴加热使其溶解,冷却后移入 100 mL 容量瓶中,定容。

对一氨基甲苯溶液:称取对一氨基甲苯 10.0 g,加 50 mL 异丙醇在水浴上慢慢加热使之溶解,冷却后移入 100 mL 容量瓶中,加冰醋酸 10 mL,然后用异丙醇定容。溶液置于暗处保存 24 h。保存 4 ~ 5 天后,如呈色度增加,应重新配制。

2. 主要仪器

紫外分光光度计、水浴锅、移液管、容量瓶、试管等。

三、实验步骤

1. 取 5 支试管,分别加入 5 mL 1.0 mol/L 葡萄糖溶液和 1 mol/L 甘氨酸溶液或赖氨酸溶液,编号为 A、B、C、D、E,B 和 D 用 10% 氢氧化钠调 pH 值到 9.0,E 加 1% 的亚硫酸钠溶液 1 mL。5 支试管置于 90 ℃水浴锅内并计时,反应 1 h,取 A、B 和 E 管,冷却后测定它们的 285 nm 紫外吸收和 HMF 值。

2. HMF 的测定:从 A、B 和 E 各取 2.0 mL 于 3 支试管中,加对一氨基甲苯溶液 5 mL。然后分别加入巴比妥酸溶液 1 mL,另取一支试管加 A 液 2 mL 和 5 mL 对一氨基甲苯溶液,但不加巴比妥酸而加 1 mL 水,将试管充分振动。试剂的添加要连续进行,在 1 ~ 2 min 内加完,以加水的试管作参比,测定在 550 nm 处吸光度,通过吸光度比较 A、B 和 E 中 HMF 的含量可看出美拉德反应与哪些因素有关。

3. C 和 D 试管继续加热反应,直到看出有深颜色为止,记下出现颜色的时间。

四、注意事项

HMF 显色后会很快褪色,比色时一定要快。

➡️ **思考题**

不同糖类、不同氨基酸对美拉德反应速度有何影响?

实验九　柑橘皮天然果胶的提取及测定

一、实验原理

　　果胶的基本结构是以 $\alpha-1,4$ 糖苷键连接的聚半乳糖醛酸,其中部分羧基被甲基化,其余的羧基与钾、钠、钙离子结合成盐,果胶多数以原果胶存在,原果胶是以金属离子桥(特别是钙离子)与多聚半乳糖醛酸中的游离羧基相结合。原果胶不溶于水,故用酸水解,生成可溶性的果胶,再进行脱色、沉淀、干燥,即为商品果胶,从柑橘皮中提取的果胶是高酯化度的果胶,酯化度在 70% 以上。

二、实验试剂与仪器

　　1. 试剂

　　0.25% HCl、95% 乙醇、稀氨水,试剂均为分析纯。

　　2. 主要仪器

　　分析天平(精度 0.000 1 g)、玻璃漏斗、真空干燥箱等。

　　3. 试样

　　柑橘皮(新鲜)。

三、实验步骤

　　1. 原料预处理。称取新鲜柑橘皮 20.00 g(干品为 8.00 g)用清水洗净后,放入 250 mL 烧杯中加水 120 mL,加热至 90 ℃保持 5～10 min,使酶失活。用水冲洗后切成 3～5 mm 大小的颗粒,用 50 ℃左右的热水漂洗,直至水为无色、果皮无异味为止。每次漂洗必须把果皮用尼龙布挤干,再进行下一次漂洗。

　　2. 酸水解提取。将预处理过的果皮粒放入烧杯中,加入约 0.25% 的盐酸 60 mL,以浸没果皮为宜,pH 值调整在 2.0～2.5 之间,加热至 90 ℃煮 45 min,趁热用尼龙布(100 目)或四层纱布过滤。

　　3. 脱色。在滤液中加入 0.5%～1.0% 的活性炭,于 80 ℃加热 20 min 进行脱色和除异味,趁热抽滤,如抽滤困难可加入 2%～4% 的硅藻土作助滤剂。如果柑橘皮漂洗干净,提取液清澈透明,则不用脱色。

　　4. 沉淀。待提取液冷却后,用稀氨水调节 pH 值为 3～4,在不断搅拌下加入 95% 乙醇,加入乙醇的量约为原体积的 1.3 倍,使乙醇浓度达 50%～60%,静置 10 min。

　　5. 过滤、洗涤、烘干。用尼龙布过滤,果胶用 95% 乙醇洗涤 2 次,再在 60～70 ℃烘干至恒重。烘干后即为果胶质量,可计算试样中果胶的含量。

四、注意事项

　　1. 在洗涤柑橘皮时,必须要拧干后再进行下次漂洗。

　　2. 在沉淀时所用的乙醇的量必须要达到一定量,否则沉淀效果不好。

➡ **思考题**

1. 如何提高分离果胶的产率和质量?
2. 沉淀果胶除用乙醇外,还可用什么试剂?

实验十 水果中总糖含量的测定

一、实验原理

糖在浓硫酸作用下,脱水生成糠醛或羟甲基糖醛后,与蒽酮反应生成蓝绿色糠醛衍生物,该有色物质的最大吸收峰为 620 nm,在一定范围内,其颜色的深浅与糖的含量成正比。

二、实验试剂与仪器

1. 试剂

100 μg/mL 葡萄糖标准液、浓硫酸,试剂均为分析纯。

蒽酮试剂:0.2 g 蒽酮溶于 100 mL 80% H_2SO_4 中,当日配制使用。

2. 主要仪器

电热恒温水浴锅、分光光度计、电子分析天平、容量瓶、刻度吸管等。

3. 材料

各种水果。

三、操作步骤

(一)葡萄糖标准曲线的制作

取 7 支大试管,按表 2.2 数据配制一系列不同浓度的葡萄糖溶液。

表 2.2 配制标准葡萄糖溶液时加入试剂量

管号	1	2	3	4	5	6	7
葡萄糖标准液/mL	0	0.1	0.2	0.3	0.4	0.6	0.8
蒸馏水/mL	1	0.9	0.8	0.7	0.6	0.4	0.2
葡萄糖含量/μg	0	10	20	30	40	60	80

向每支试管中立即加入蒽酮试剂 4.0 mL,迅速于冰水浴中冷却。然后沸水浴中准确煮沸 10 min 取出,自来水冷却至室温,在 620 nm 波长下以 1 号管为空白,迅速测其余各管吸光值。以标准葡萄糖含量(μg)为横坐标,以吸光值为纵坐标,绘制标准曲线。

(二)总糖的提取

精确称取打浆后的水果 5~10 g,置于 50 mL 三角瓶中,加沸水 30 mL 在沸水浴中提取 10 min,冷却后过滤,残渣用沸蒸馏水反复洗涤并过滤,滤液收集在 50 mL 容量瓶中,定容至刻度,即提取液。取提取液 2 mL,置于 50 mL 容量瓶中,以蒸馏水稀释定容,摇匀。

(三)总糖的测定

吸取 1 mL 经稀释的提取液于试管中,加入 4.0 mL 蒽酮试剂,空白管以等量蒸馏水取代提取液。以下操作同标准曲线制作。根据A_{620}平均值在标准曲线上查出葡萄糖的含量(μg)。

四、结果计算

总糖含量按式(2.16)计算。

$$总糖含量(\%) = \frac{C \times V_{总} \times D}{W \times V_{测} \times 10^6} \times 100 \qquad (2.16)$$

式中:C——在标准曲线上查出的糖含量,μg;

$V_{总}$——提取液总体积,mL;

$V_{测}$——测定时取用体积,mL;

D——稀释倍数;

W——样品重量,g;

10^6——样品重量单位由 g 换算成 μg 的倍数。

⇨ **思考题**

1. 蒽酮法测出的总糖包括哪些组分?
2. 蒽酮法测定总糖时应该注意哪些问题?

实验十一　柚皮苷的提取及测定

一、实验原理

柚皮苷经有机溶剂热提取,微孔滤膜过滤后,高效液相色谱法测定。

二、实验试剂与仪器

1. 试剂

甲醇(色谱纯)、二甲基甲酰胺、乙酸溶液(体积分数 0.5%)、柚皮苷。

0.01 mol/L 乙酸溶液:称取 0.600 5 g 乙酸,定容至 1 000 mL。

0.025 mol/L 草酸铵溶液:称取 3.552 8 g 草酸铵,定容至 1 000 mL。

1 200 mg/L 柚皮苷储备液:称取 120 mg 柚皮苷标准品,溶于 20 mL 二甲基甲酰胺中,用 0.01 mol/L 乙酸溶液定容至 100 mL,于−20 ℃下保存。

2. 主要仪器

高效液相色谱仪、电子分析天平、组织捣碎机或粉碎机、水浴锅、滤膜(水系,0.45 μm)等。

高效液相色谱仪(带紫外检测器 UV)操作条件:C_{18} 色谱柱(粒度 5μm,4.6 mm×250 mm)或同等性能的色谱柱,流动相为 0.5% 乙酸溶液+甲醇(65+35),柱温 35 ℃,流速0.80 mL/min。进样量 10 μL,检测波长 283 nm。

3. 材料

柑橘类水果、皮及其制品等。

三、实验步骤

1. 标准曲线制作

取标准储备液,用 0.01 mol/L 乙酸溶液和二甲基甲酰胺(二者体积比为 8∶2)稀释成 1.0 mg/L、5.0 mg/L、10 mg/L、15 mg/L、30 mg/L、60 mg/L、120 mg/L 的标准工作液,用高效液相色谱仪测定,以柚皮苷质量浓度为横坐标,相应的积分峰面积为纵坐标,绘制标准曲线,计算出线性回归方程。

2. 试样处理

(1)称取试样 5 ~ 10 g,依次加入 10 mL 草酸铵溶液、10 mL 二甲基甲酰胺,混匀,用水定容至 50 mL,然后将其转移到 100 mL 锥形瓶中,在 90 ℃水浴中保持 10 min,冷却至室温后,取上清液,经滤膜过滤得到待测液。

(2)取 10 μL 待测液和相应的标准工作液顺序进样,以保留时间定性,以色谱峰面积积分值定量。同时要做空白试验。

四、结果计算

试样中柚皮苷含量按式(2.17)计算。

$$柚皮苷含量(mg/kg) = \frac{\rho \times V \times 1\,000}{m \times 100} \times n \qquad (2.17)$$

式中:ρ ——样液中柚皮苷的浓度,mg/L;

　　V ——样液最终定容体积,mL;

　　m ——样品重量,g;

　　n ——稀释倍数。

计算结果保留三位有效数字。两次平行测定结果的绝对差值不超过算术平均值的 10% 。

➪ 思考题

　　1. 存在于柚子等柑橘类水果皮中的苦味有哪些成分?

　　2. 柚皮苷具有哪些药理特性和生理活性?

第 **3** 章

食品中脂类的检测

实验一　食品中粗脂肪的测定

方法一　索氏抽提法

一、实验原理

试样用无水乙醚或石油醚等溶剂抽提后,蒸去溶剂所得的物质,称为粗脂肪。因为除脂肪外,还含色素及挥发油、蜡、树脂等物。抽提法所测得的脂肪为游离脂肪。不适用于乳及乳制品。

二、实验试剂与仪器

1. 试剂

无水乙醚或石油醚。

海砂:取用水洗去泥土的海砂或河砂,先用盐酸(1:1)煮沸 0.5 h,用水洗至中性,再用氢氧化钠溶液(240 g/L)煮沸 0.5 h,用水洗至中性,经(100±5)℃干燥备用。

2. 主要仪器

感量 0.000 1 g 分析天平、电热恒温箱、电热恒温水浴锅、粉碎机、研钵、备有变色硅胶的干燥器、广口瓶、脱脂棉、脱脂线、脱脂细沙、滤纸筒、索氏抽提器。

索氏抽提器由三部分组成(图 3.1):下部是呈球形的抽提瓶,中部是抽提管(连有虹吸管及蒸汽出口管),上部是回流冷凝器,它们之间由磨口对接。

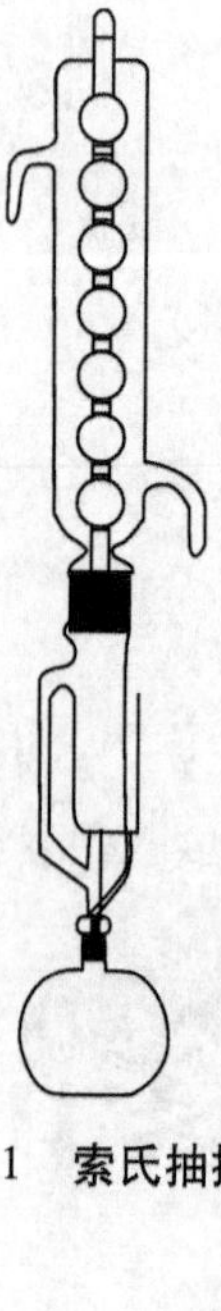

三、实验步骤

1. 试样处理

(1)固体试样。谷物或干燥制品用粉碎机粉碎过 40 目筛,肉用绞肉机绞两次;一般用组织捣碎机捣碎后,称取 2.00~5.00 g(可取测定水分后的试样),必要时拌以海砂,全部移入滤纸筒内。

(2)液体或半固体试样。称取 5.00~10.00 g,置于蒸发皿中,加入约 20 g 海砂于沸水浴上蒸干后,在(100±5)℃干燥,研细,全部移入滤纸筒内。蒸发皿及附有试样的玻棒,均用沾有乙醚的脱脂棉擦净,并将棉花放入滤纸筒内。

2. 抽提。将滤纸筒放入脂肪抽提器的抽提筒内,连接已干燥至恒重的接收瓶,由抽提器冷凝管上端加入无水乙醚或石油醚至瓶内容积的 2/3 处,于水浴上加热,使乙醚或石油醚不断回流提取(6~8 次/h),一般抽提 6~12 h。

3. 称量。取下接收瓶,回收乙醚或石油醚,待接收瓶内乙醚剩 1~2 mL 时在水浴上蒸干,再于(100±5)℃烘箱中干燥 2 h,放干燥器内冷却 0.5 h 后称量。重复以上操作直

图 3.1　索氏抽提器

至恒重。

四、结果计算

试样中的粗脂肪按式(3.1)计算。

$$X = \frac{m_1 - m_0}{m_2} \times 100 \qquad (3.1)$$

式中:X——试样中粗脂肪的含量,g/100 g;

　　m_1——接收瓶和粗脂肪的总质量,g;

　　m_0——接收瓶的质量,g;

　　m_2——试样的质量,g(如是测定水分后的试样,则按测定水分前的质量计)。

计算结果表示到小数点后一位。

在重复性条件下获得的两次独立测定结果的绝对差值不得超过算术平均值的10%。

方法二　酸水解法

一、实验原理

试样经酸水解后用乙醚提取,除去溶剂即得总脂肪含量。酸水解法测得的为游离及结合脂肪的总量。

二、实验试剂与仪器

1. 试剂

盐酸、乙醇(95%)、乙醚、石油醚(沸程30~60 ℃),均为分析纯。

2. 主要仪器

电子天平、100 mL 具塞刻度量筒、试管、水浴锅、烘箱、干燥器等。

三、实验步骤

1. 试样处理

(1)固体试样。谷物或干燥制品用粉碎机粉碎过40目筛,肉用绞肉机绞两次;一般用组织捣碎机捣碎后,称取约2.00 g 的试样置于50 mL 大试管内,加8 mL 水,混匀后再加10 mL 盐酸。

(2)液体试样。称取10.00 g,置于50 mL 大试管内,加10 mL 盐酸。

2. 将试管放入70~80 ℃水浴中,每隔5~10 min 以玻璃棒搅拌一次,至试样消化完全为止,40~50 min。

3. 取出试管,加入10 mL 乙醇,混合。冷却后将混合物移入100 mL 具塞量筒中,以25 mL 乙醚分次洗试管,一并倒入量筒中。待乙醚全部倒入量筒后,加塞振摇1 min,小心开塞,放出气体,再塞好,静置12 min,小心开塞,并用石油醚-乙醚等量混合液冲洗塞及筒口附着的脂肪。静置10~20 min,待上部液体清晰,吸出上清液于已恒量的锥形瓶内,再加5 mL 乙醚于具塞量筒内,振摇,静置后,仍将上层乙醚吸出,放入原锥形瓶内。将锥形瓶置于水浴上蒸干,置于(100±5)℃烘箱中干燥 2 h,取出放干燥器内冷却 0.5 h 后称量,重复以上操作直至恒重。

四、结果计算

试样中粗脂肪按式(3.2)计算。

$$X = \frac{m_1 - m_0}{m_2} \times 100 \qquad (3.2)$$

式中:X——试样中粗脂肪的含量,g/100 g;

m_1——接收瓶和粗脂肪的总质量,g;

m_0——接收瓶的质量,g;

m_2——试样的质量,g(如是测定水分后的试样,则按测定水分前的质量计)。

计算结果表示到小数点后一位。在重复性条件下获得的两次独立测定结果的绝对差值不得超过算术平均值的10%。

⇨ **思考题**

1. 为什么待测粗脂肪的试样需要干燥?

2. 粗脂肪与脂肪有何区别?

实验二　油脂中磷脂含量的测定

方法一　钼蓝比色法

一、实验原理

将含磷脂试样加氧化锌高温灼烧,使有机磷转变成无机磷,即以磷酸盐的形式留存在灰分中。加酸溶解灰分,使生成的磷酸根离子与钼酸钠作用生成磷钼酸钠,遇硫酸联氨被还原成蓝色的铬合物钼蓝。产生蓝色的深度与磷的含量成正比。将被测液与磷标准液在相同条件下比色定量。将磷的含量乘以适当的换算系数,即得磷脂的含量。

二、实验试剂与仪器

1. 试剂

50%的氢氧化钾溶液、盐酸、硫酸、氧化锌、0.015%硫酸联氨溶液。

2.5%钼酸钠稀硫酸液:量取 140 mL 硫酸注入 300 mL 水中,摇匀,冷却至室温,加入 12.5 g 钼酸钠,溶解后加水至 500 mL,摇匀,静置 24 h 备用。

磷标准溶液:称取无水磷酸二氢钾 0.439 1 g 溶于 1 000 mL 水中,作为 1 号液,含磷 0.1 mg/mL,吸收 1 号液 10 mL,加水稀释至 100 mL,含磷 0.01 mg/mL,作为 2 号液,比色用。

2. 主要仪器

瓷坩埚或石英坩埚、分光光度计和带塞的 50 mL 比色管、电炉、高温炉、恒温水浴、分析天平(感量 0.001 g)。

3. 试样

大豆油、花生油等。

三、实验步骤

1. 绘制标准曲线。取 5 支 50 mL 比色管,编成 1、2、4、6、8 五个号码,按号码顺序分别注入磷标准 2 号液 1 mL、2 mL、4 mL、6 mL、8 mL,再按顺序分别加水 9 mL、8 mL、6 mL、4 mL、2 mL。接着向 5 支管内各加 0.015% 硫酸联氨溶液 8.0 mL;各加钼酸钠稀硫酸溶液 2.0 mL,加塞,摇匀。然后去塞,将 5 支管置于正在沸腾的水浴中加热 10 min,取出冷却至室温,用水稀释至 50 mL,充分摇匀,经 10 min 后,用分光光度计在波长 650 nm 下,用 1 cm 比色皿,用水调整零点,分别测定消光值。以消光值为纵坐标,以磷量(0.01 mg、0.02 mg、0.04 mg、0.06 mg、0.08 mg)为横坐标绘制标准曲线。

2. 被测液制备。用坩埚称取油样约 10 g(准确至 0.001 g)加氧化锌 0.5 g,先在电炉上加热炭化,然后送入 550~600 ℃ 的高温炉中灼烧至完全灰化(白色),灼烧时间约 2 h,取出坩埚冷却至室温,用热盐酸(1∶1)10 mL 溶解灰分,并加热微沸 5 min,将溶解液过滤注入 100 mL 容量瓶中,用热水冲洗坩埚和滤纸,待滤液冷却至室温后,用 50% 氢氧化钾溶液中和至出现混浊,缓慢滴加盐酸使氧化锌沉淀全部溶解后,再滴 2 滴,最后用水稀释至刻度,摇匀。

3. 比色。用移液管吸取被测液 10 mL 注入 50 mL 比色管中,加入 0.015% 硫酸联氨 8.0 mL,加 2.0 mL 钼酸钠稀硫酸溶液,加塞,摇匀。然后去塞,将比色管置于正在沸腾的水浴中加热 10 min,取出冷却至室温,用水稀释至 50 mL,充分摇匀,经 10 min 后,用分光光度计在波长 650 nm 下,用 1 cm 比色皿,用水调整零点,测定消光值。

四、结果计算

根据被测液的消光值,从标准曲线查得磷量(P),按式(3.3)计算磷脂含量。

$$磷脂(\%) = P \times \frac{V_2}{V_1} \times 26.31 \times \frac{100}{W \times 1\,000} \tag{3.3}$$

式中:P——标准曲线查得的磷量,mg;

V_2——样品灰化后稀释的体积,mL;

V_1——比色时所取的被测液体积,mL;

26.31——每毫克磷相当于磷脂的毫克数;

W——试样质量,g。

测定结果取小数点后三位。在重复性条件下获得的两次独立测定结果的绝对差值不得超过算术平均值的 10%。

方法二　重量法

一、实验原理

磷脂吸水膨胀后比重增大,所形成的絮状悬浮物不溶于油脂而为沉淀物,从而能和油脂分离。磷脂又具有不溶于丙酮的特性。用丙酮洗涤沉淀,所得沉淀物放入 105 ℃烘箱中烘至恒重即得到无水磷脂。

二、实验试剂与仪器

1. 试剂

丙酮,为分析纯。

2. 主要仪器

玻璃漏斗、漏斗架、天平(感量 0.001 g)、电热烘箱。

三、实验步骤

1. 取混匀油样 100 mL,加热约 90 ℃时进行过滤。

2. 用烧杯称取油样 25 g,加热至 80 ℃后加入 2~2.5 mL 水,充分搅拌使之水化,在室温下静置过夜,或进行离心沉淀。

3. 倾出上层清液,用已经恒重的滤纸进行过滤(或用抽气装置抽滤)。待滤液全部滤出后,用冷丙酮把杯内残留的沉淀冲洗入滤纸中,继续用丙酮洗涤滤纸和沉淀,洗至无油迹为止。

4. 待滤纸和沉淀上的丙酮挥尽后,送入 105 ℃烘箱中供至恒重。

四、结果计算

试样中磷脂含量按式(3.4)计算。

$$磷脂(\%) = \frac{W_2 - W_1}{W} \times 100 \tag{3.4}$$

式中:W_2——沉淀物加滤纸质量,g;

　　W_1——滤纸质量,g;

　　W——油样质量,g。

测定结果取小数点后三位。在重复性条件下获得的两次独立测定结果的绝对差值不得超过算术平均值的 10%。

方法三　水化离心法

一、实验原理

同重量法。

二、实验试剂与仪器

1. 试剂

丙酮,为分析纯。

2. 主要仪器

天平(感量 0.001 g)、电热烘箱、离心管 10 mL、离心机。

三、实验步骤

1. 将干净的离心试管和玻棒置于 100 mL 烧杯中,烘干、冷却后称量。

2. 称取在 65～70 ℃时过滤的油样 10 g 左右注入离心管,放入烘箱中加热至 40 ℃取出。

3. 用移液管往离心管中加水 0.5 mL,用玻棒猛烈搅拌 1 min。然后取出玻棒,在离心管边上刮净玻棒上的油,将离心管放入离心机中进行分离,直至吸水膨胀后析出的磷脂沉于离心管的底部。

4. 先倾出上层清油,再将磷脂离心分离,再倾出上层清油。离心管中沉淀物用丙酮进行洗涤,离心分离,倾出丙酮液。如此用丙酮反复洗涤分离 3～4 次,直到所得丙酮无油迹为止。

5. 把盛有沉淀物的离心管和玻棒放入盛有离心管的烧杯中,置于 105 ℃烘箱内烘至恒重。

四、结果计算

$$磷脂(\%) = \frac{W_1}{W_2} \times 100 \tag{3.5}$$

式中:W_1——沉淀物质量,g;

W_2——油样质量,g。

测定结果取小数点后三位。在重复性条件下获得的两次独立测定结果的绝对差值不得超过算术平均值的10%。

➡ **思考题**

钼蓝比色法实验中加氧化锌高温灼烧的目的是什么?

实验三 油脂酸价的测定

一、实验原理

酸价的测定是根据酸碱中和的原理进行,即以酚酞作指示剂,用氢氧化钾标准溶液进行滴定中和油脂中的游离脂肪酸,以中和 1 g 油脂中游离脂肪酸所需要的氢氧化钾的质量来表示酸价。

二、实验试剂与仪器

1. 试剂

乙醇、乙醚、0.1 mol/L 氢氧化钾(或氢氧化钠)标准溶液、1% 酚酞乙醇指示剂,试剂均为分析纯。

中性乙醚-乙醇(2∶1)混合溶剂:临用前以酚酞作指示剂,用 0.1 mol/L 氢氧化钾中和至刚变色。

2. 主要仪器

碱式滴定管、锥形瓶 250 mL、天平(感量 0.001 g)。

三、实验步骤

1. 按表 3.1 称取均匀的油样注入锥形瓶。

2. 加入中性乙醚-乙醇溶液 50 mL,摇动,使油样完全溶解。

3. 加 2 ~ 3 滴酚酞指示剂,用 0.1 mol/L 的碱液滴定至出现微红色在 30 s 内不消失,记下消耗的碱液毫升数。

表 3.1 油样取样量

估计酸价	油样量/mL	准确度/mL
<1	20	0.05
1 ~ 4	10	0.02
4 ~ 5	2.5	0.01
15 ~ 75	0.5	0.001
>75	0.1	0.000 2

四、结果计算

1. 试样的酸价(AV)按式(3.6)计算。

$$AV = \frac{V \times C \times 56.11}{W}$$

$$(3.6)$$

式中:AV——酸价,mg KOH/g 油;

V——滴定时消耗的氢氧化钾溶液体积,mL;

C——氢氧化钾溶液浓度,mol/L;

56.11——氢氧化钾的毫摩尔质量;

W——油样质量,g。

双实验结果允许差不超过 0.2 mg KOH/g 油,求其平均数,即为测定结果。测定结果取小数点后一位。

2. 以游离脂肪酸(FFA)的百分含量表示,按式(3.7)计算。

$$FFA(\%) = \frac{AV \times 脂肪酸摩尔质量}{56.11 \times 10} \qquad (3.7)$$

对于某一脂肪酸,其摩尔质量为常数,于是有:

$$f = 脂肪酸摩尔质量/56.11 \times 1/10$$

则 $$FFA(\%) = f \times AV$$

不同的脂肪酸,其 f 值各异,由它们表示的百分含量也不同。用酸价换算成 FFA 的百分含量公式如下:

油酸($\%$) = 0.503×AV(最常用的换算关系);

月桂酸($\%$) = 0.356×AV;

软脂酸($\%$) = 0.456×AV;

蓖麻酸($\%$) = 0.530×AV;

芥酸($\%$) = 0.602×AV;

亚油酸($\%$) = 0.499×AV。

五、注意事项

1. 测定蓖麻油时,只用中性乙醇而不用混合溶剂。

2. 测定深色油的酸价,可减少试样用量,或适当增加混合溶剂的用量,以百里酚酞或麝香草酚酞作指示剂,以使测定终点的变色明显。

3. 滴定过程中如出现混浊或分层,表明由碱液带进水过多,乙醇量不足以使乙醚与碱溶液互溶。一旦出现此现象,可补加 95% 的乙醇,促使均一相体系的形成。

➡ 思考题

1. 简述测定油脂酸价的意义。

2. 在食品加工储藏过程中影响油脂酸价的因素有哪些？如何降低这些因素的影响？

实验四　动植物油脂碘值的测定

一、实验原理

在溶剂中溶解试样,加入韦氏试剂反应一定时间后,加入碘化钾和水,利用在酸性条件下碘与不饱和脂肪酸起加成反应,游离的碘用硫代硫酸钠溶液滴定,根据消耗的硫代硫酸钠的量计算出碘值。

二、实验试剂与仪器

1. 试剂

除非另有说明,本实验所用试剂均为分析纯,水应符合 GB/T 6682 中三级水的要求。

碘化钾溶液(KI):100 g/L,不含碘酸盐或游离碘。

淀粉溶液:将 5 g 可溶性淀粉在 30 mL 水中混合,加入 1 000 mL 沸水,并煮沸 3 min,然后冷却。

0.1 mol/L 硫代硫酸钠标准溶液,按 GB/T 5009.1—2003 中的 B.15 规定的方法配制和标定,标定后 7 天内使用。

溶剂:将环己烷和冰乙酸等体积混合。

韦氏试剂:含一氯化碘的乙酸溶液。韦氏试剂中 I/Cl 之比应该控制在 1.10 ± 0.1 的范围内。

含一氯化碘的乙酸溶液:将一氯化碘 25 g 溶于 1 500 mL 冰乙酸中。韦氏试剂稳定性较差,为使测定结果准确,应做空白样的对照测定。

2. 主要仪器

玻璃称量皿(与试样量配套并可置入锥形瓶中)、容量为 500 mL 的具塞锥形瓶、分析天平(1.0 mg)。

3. 试样

大豆油、花生油等。

三、实验步骤

1. 称样及空白样品的制备。根据样品预估的碘值,称取适量的样品于玻璃称量皿中,精确到 0.001 g。推荐的称样量见表 3.2。

表 3.2　试样称取质量

预估碘值/(g/100 g)	试样质量/g	溶剂体积/mL
<1.5	15.00	25
1.5 ~ 2.5	10.00	25

续表

预估碘值/(g/100 g)	试样质量/g	溶剂体积/mL
2.5 ~ 5	3.00	20
5 ~ 20	1.00	20
20 ~ 50	0.40	20
50 ~ 100	0.20	20
100 ~ 150	0.13	20
150 ~ 200	0.10	20

注:试样的质量必须能保证所加入的韦氏试剂过量50% ~ 60%,即吸收量的100% ~ 150%

2. 测定

(1)将盛有试样的称量皿放入500 mL锥形瓶中,根据称样量加入与之相对应的溶剂体积来溶解试样,用移液管准确加入25 mL韦氏试剂,盖好塞子,摇匀后将锥形瓶至于暗处。注意不可用嘴吸取韦氏试剂。

(2)除了不加试样外,其余按照(1)规定,做空白溶液。

(3)对碘值低于150的样品,锥形瓶应在暗处放置1 h;碘值高于150的、已经聚合的、含有共轭脂肪酸的(如桐油、脱水蓖麻油)、含有任何一种酮类脂肪酸的,以及氧化到相当程度的样品,应置于暗处2 h。

(4)到达规定反应时间后,加20 mL碘化钾溶液和150 mL水。用0.1 mol/L硫代硫酸钠标准溶液滴定至碘的黄色接近消失。加几滴淀粉溶液继续滴定,一边滴定一边用力摇动锥形瓶,直到蓝色刚好消失。也可以采用电位滴定法确定终点。

(5)同上做空白溶液的测定。

四、结果计算

试样的碘值按式(3.8)计算。

$$W_1 = \frac{0.126\ 9 \times c \times (V_1 - V_2)}{m} \times 100 \qquad (3.8)$$

式中:W_1——试样的碘值,用每100 g样品吸收碘的克数表示,g/100 g;

　　　c——硫代硫酸钠标准溶液的浓度,mol/L;

　　　V_1——空白溶液消耗硫代硫酸钠标准溶液的体积,mL;

　　　V_2——样品溶液消耗硫代硫酸钠标准溶液的体积,mL;

　　　m——试样的质量,g;

　　　0.126 9——与1 mL浓度为1.000 0 mol/L的硫代硫酸钠相当的碘的质量,g。

测定结果的取值要求方法见表3.3。

表 3.3　测定结果的取值要求

$W_1/(\text{g}/100\ \text{g})$	结果取值到
<20	0.1
20 ~ 60	0.5
>60	1.0

五、注意事项

1. 如需证明实验条件的重复性,可在相同条件下进行两次相互独立的测定。

2. 配制韦氏试剂的冰乙酸应符合质量要求,且不得含有还原物质。鉴定是否含有还原物质的方法是取冰乙酸 2 mL,加 10 mL 蒸馏水稀释,加入 1 mol/L 高锰酸钾 0.1 mL,所呈现的颜色应在 2 h 内保持不变。如果红色褪去,说明有还原物质存在,需进行精制,精制的方法是取冰乙酸 800 mL,放入圆底烧瓶内,加入 8 ~ 10 g 高锰酸钾,接上回流冷凝器,加热回流约 1 h,移入蒸馏瓶中进行蒸馏,收集 118 ~ 119 ℃间的馏出物。可以采用市售韦氏试剂。

⇨ 思考题

当有共轭不饱和脂肪酸存在时,碘值是否受影响?

实验五　食品中脂肪酸含量的测定

一、实验原理

本实验采用气相色谱法对食品中的脂肪酸组成进行分析,其测定原理为将试样所含油脂进行皂化,脂肪酸经甲酯化后,用石油醚或正己烷提取。在一定的条件下进行气相色谱法分离,与标准品进行比较,以保留时间进行定性,以峰面积进行定量。

二、实验试剂与仪器

1. 试剂

纯正己烷或石油醚、各种脂肪酸标准品、甲醇、氢氧化钾、盐酸,试剂均为分析纯。

1 mol/L KOH-甲醇溶液:取 KOH 56.00 g,用甲醇溶解,定容至 1 000 mL。

1 mol/L HCl-甲醇溶液:取甲醇溶液 500 mL,称重。将分析纯 HCl 溶液滴加到氯化钙中产生气体 HCl,通入 500 mL 甲醇溶液中,一定时间后再称重,直到原甲醇溶液增加了 36.5 g 即可。

2. 主要仪器

冷冻干燥机、恒温水浴锅、电子天平、气相色谱仪 GC(HP 6890)。

3. 试样

大豆油、猪油、鱼油等。

三、实验步骤

1. 样品处理。将适量样品进行冷冻干燥,在研钵中充分磨细(也可取鲜样直接匀浆)。称取干燥样品 50 mg 左右(根据脂肪含量而定)于带螺盖的 10 mL 刻度试管中。加 1 mol/L KOH 甲醇溶液 4 mL,旋紧管盖,在 75~80 ℃ 水浴中保温 15 min,取出,待冷却后加 1 mol/L HCl-甲醇溶液 4 mL,继续在 75~80 ℃ 水浴中保温 15 min,取出,冷却后加正己烷(或石油醚)1 mL 充分振荡萃取 1 min。静置分层(需要时稍加水有利于分层),使脂肪酸甲酯溶于正己烷层。

2. 测定。用微量进样器取样品上清液 1 μL,上机进样,进行气相色谱分析。采用氢火焰离子化检测器(FID),色谱柱为毛细管柱(内径 0.25 mm,膜厚 0.25 μm,长 30 m,最高温度 300 ℃)。

用微量进样器取各种脂肪酸标准品 1 μL,上机进样,进行气相色谱分析,其他操作与样品相同。

3. 分析条件。采取程序升温,柱温 150 ℃ 保持 1 min,经 15 ℃/min 升至 200 ℃,再经 2 ℃/min 升至 250 ℃。气化室温度为 250 ℃,检测器温度为 250 ℃。氮气压力为 4 kgf/cm² (1 kgf/cm²=98.066 5 Pa),氢气压力为 2~3 kgf/cm²,空气压力为 4 kgf/cm²。

四、数据处理

1. 定性分析。比较未知峰与同样条件下测得的脂肪酸标样的保留时间,对脂肪酸进行定性分析。

2.定量分析。组分的含量与峰面积成正比,根据面积归一法求出脂肪酸的相对含量。

五、注意事项

1.待测样品不宜加热干燥,否则脂肪酸易被氧化。

2.进行脂肪酸皂化和甲酯化时,应注意温度和时间的控制。

⇨ 思考题

1.陆地动物与海洋动物的脂肪酸组成有何不同?

2.气相色谱法分析测定脂肪酸含量时,样品为何要甲酯化处理?

实验六 温度、金属离子对油脂过氧化值的影响

一、实验原理

在乙酸和异辛烷溶液中溶解试样,用碘化钾与试样反应,反应完成后用硫代硫酸钠标准溶液滴定析出的碘。根据硫代硫酸钠的用量计算油脂的过氧化值。

二、实验试剂与仪器

1. 试剂

氯化铜、氯化铁均为分析纯。水应符合 GB/T 6682 中三级水的要求;试剂中不得含有溶解氧。

冰乙酸:用纯净、干燥的惰性气体(二氧化碳或氮气)气流清除氧。

异辛烷:用纯净、干燥的惰性气体(二氧化碳或氮气)气流清除氧。

乙酸与异辛烷混合液(体积比 60∶40):将 3 份冰乙酸与 2 份异辛烷混合。

碘化钾饱和溶液:新配制且不得含有游离碘和碘酸盐。确保溶液中有结晶存在,存放于避光处。如果在 30 mL 乙酸–异辛烷溶液中添加 0.5 mL 碘化钾饱和溶液和 2 滴淀粉溶液,出现蓝色,并需要硫代硫酸钠溶液 1 滴以上才能消除,则重新配制此溶液。

0.1 mol/L 硫代硫酸钠溶液:临使用前标定。将 24.9 g 五水硫代硫酸钠($Na_2S_2O_3 \cdot 5H_2O$)溶解于蒸馏水中,稀释至 1 L。由 0.1 mol/L 硫代硫酸钠溶液稀释而成 0.01 mol/L 硫代硫酸钠溶液。

5 g/L 淀粉溶液:将 1 g 可溶性淀粉与少量冷蒸馏水混合,在搅拌的情况下溶于 200 mL 沸水中,添加 250 mg 水杨酸作为防腐剂并煮沸 3 min,立即从热源上取下并冷却。此溶液在 4~10 ℃的冰箱中可储藏 2~3 周,当滴定终点从蓝色到无色不明显时,需重新配制。

灵敏度验证方法:将 5 mL 淀粉溶液加入 100 mL 水中,添加 0.05%碘化钾溶液和 1 滴 0.05%次氯酸钠溶液,当滴入 0.1 mol/L 硫代硫酸钠溶液 0.05 mL 以上时,深蓝色消失,即表示灵敏度不够。

2. 主要仪器

分析天平(感量 0.1 mg)、碘量瓶或带磨口玻璃塞锥形瓶 250 mL、恒温水浴锅。

三、实验方案提示

(一)室温下原料油脂过氧化值的测定

1. 试样的制备。确认样品包装无损坏,且密封完好,如必须测定其他参数,从实验室样品中首先分出用于过氧化值测定的样品。

2. 称样、处理。用纯净干燥的二氧化碳或氮气冲洗碘量瓶,根据估计的过氧化值,按表 3.4 称样,装入锥形瓶中。

表 3.4　试样称取质量

估计的过氧化值/[mmol/kg(meq/kg)]	样品量/g	称量的精确度/g
0～6(0～12)	5.0～2.0	±0.01
6～10(12～20)	2.0～1.2	±0.01
10～15(20～30)	1.2～0.8	±0.01
15～25(30～50)	0.8～0.5	±0.001
25～45(50～90)	0.5～0.3	±0.001

3.测定

(1)将 50 mL 乙酸–异辛烷溶液加入碘量瓶中,盖上塞子摇动至样品溶解。

(2)加入 0.5 mL 饱和碘化钾溶液,盖上塞子使其反应,时间为 1 min±1 s,在此期间摇动锥形瓶至少 3 次,然后立即加入 30 mL 蒸馏水。用硫代硫酸钠溶液滴定上述溶液逐渐地、不间断地添加滴定液,同时伴随有力的搅动,直到黄色几乎消失。添加约 0.5 mL 淀粉溶液,继续滴定,临近终点时,不断摇动使所有的碘从溶剂层释放出来,逐滴添加滴定液,至蓝色消失,即为终点。

(3)异辛烷漂浮在水相的表面,溶剂和滴定液需要充分的时间混合,当过氧化值 ≥35 mmol/kg (70 meq/kg)时,用淀粉溶液指示终点会滞后 15～30 s。为充分释放碘,可加入少量的浓度为 0.5%～1.0% 高效 HLB 乳化剂(如 Tween 60),以缓解反应液的分层和减少碘释放的滞后时间。

(4)当油样溶解性较差时(如硬脂或动物脂肪),按下述步骤操作:在碘量瓶中加入 20 mL 异辛烷,摇动使样品溶解,加 30 mL 冰乙酸,加入 0.5 mL 饱和碘化钾溶液,盖上塞子使其反应,时间为 1 min ±1 s,在此期间摇动碘量瓶至少 3 次,然后立即加入 30 mL 蒸馏水。用硫代硫酸钠溶液滴定上述溶液逐渐地、不间断地添加滴定液,同时伴随有力的搅动,直到黄色几乎消失。添加约 0.5 mL 淀粉溶液,继续滴定,临近终点时,不断摇动使所有的碘从溶剂层释放出来,逐滴添加滴定液,至蓝色消失,即为终点。

(5)空白试验。测定须进行空白实验,当空白实验消耗 0.01 mol/L 硫代硫酸钠溶液超过 0.1 mL,应更换试剂,重新对样品进行测定。

(二)不同温度下油脂的过氧化值测定

将 10.0 g 原料油脂装入碘量瓶中,放入水浴锅中,在设计的温度下保温 2 h,按照室温下原料油脂过氧化值的测定方法分别测定 40 ℃、60 ℃、80 ℃、100 ℃ 温度下油脂的过氧化值。

(三)不同金属离子不同浓度下油脂的过氧化值测定

将 10.0 g 原料油脂装入碘量瓶中,放入水浴锅中,分别加入 0.01 mol/L、0.03 mol/L、0.05 mol/L、0.10 mol/L 浓度的 $CuCl_2$ 和 $FeCl_3$,在 40 ℃ 保温 2 h,按照室温下原料油脂过氧化值的测定方法分别测定其过氧化值。

四、结果计算

1. 过氧化值以每千克中活性氧的毫克当量表示,按式(3.9)计算。

$$P = \frac{1\,000(V - V_0)\,c}{m} \tag{3.9}$$

式中:P——过氧化值,meq/kg;

V——滴定试样所消耗的硫代硫酸钠标准溶液的体积,mL;

V_0——滴定空白所消耗的硫代硫酸钠标准溶液的体积,mL;

c——硫代硫酸钠标准溶液的浓度,mol/L;

m——试样的质量,g。

2. 过氧化值以毫摩尔每千克表示,按式(3.10)计算。

$$P' = \frac{c(V - V_0)}{2\,m} \times 1\,000 \tag{3.10}$$

式中:P'——过氧化值,mmoL/kg;

V——滴定试样所消耗的硫代硫酸钠标准溶液的体积,mL;

V_0——滴定空白所消耗的硫代硫酸钠标准溶液的体积,mL;

c——硫代硫酸钠标准溶液的浓度,mol/L;

m——试样的质量,g。

3. 不同温度下油脂的过氧化值如表3.5所示。

表3.5　不同温度下油脂的过氧化值

过氧化值	室温	40 ℃	60 ℃	80 ℃	100 ℃
meq/kg					
mmol/kg					

4. 40 ℃不同金属离子不同浓度下油脂的过氧化值如表3.6所示。

表3.6　不同金属离子不同浓度下油脂的过氧化值

金属离子	0.01 mol/L	0.03 mol/L	0.05 mol/L	0.10 mol/L
Cu^{2+}/(meq/kg)				
Cu^{2+}/(mmol/kg)				
Fe^{3+}/(meq/kg)				
Fe^{3+}/(mmol/kg)				

五、注意事项

平行测定结果符合允许差要求时,以其算术平均值作为结果。结果小于12时保留一位小数,大于 12 时保留到整数位。允许差按表 3.7 规定。

表 3.7　允许差

过氧化值/(mmol/kg)	允许差
≤1	0.1
1~6	0.2
6~12	0.5
≥12	1

➡ **思考题**

1. 温度对油脂过氧化值有何影响?

2. 金属离子对油脂过氧化值有何影响?

第 4 章

食品中蛋白质的检测

实验一　大豆蛋白质的分离提取

方法一　大豆蛋白的碱溶酸沉法分离提取

一、实验原理

目前用于大豆蛋白质分离提取的方法较多,但是工业上常用的传统方法主要是碱溶酸沉法。将低温脱脂大豆粉用稀碱液浸提后,经过滤或离心分离就可以除去豆粕中的不溶性物质(主要是多糖或残留蛋白)。当用酸把浸出液 pH 值调到 4.5 左右时,蛋白质处于等电状态而凝集沉淀下来,经分离可得蛋白沉淀物,再经干燥即得分离大豆蛋白。

二、实验试剂与仪器

1. 试剂

0.3 mol/L NaOH 溶液、0.3 mol/L HCl 溶液、0.05 mol/L HCl 标准溶液、4% 硼酸溶液、硫酸铜、硫酸钾、浓硫酸、甲基红−溴甲酚绿混合指示剂,试剂均为分析纯。

2. 主要仪器

离心分离机、凯氏定氮仪、真空干燥箱、恒温水浴锅、电动搅拌器等。

3. 试样

脱脂豆粕。

三、实验步骤

1. 粉碎与浸提。将脱脂豆粕用粉碎机粉碎,过 0.425 mm 筛,准确称取豆粕粉 10.00 g,加入 100 mL 蒸馏水,用 0.3 mol/L NaOH 溶液将浸提液 pH 值调至 9.0~9.5,搅拌浸提 0.5 h,搅拌速度为 30~35 r/min,浸提温度为 50 ℃。提取蛋白后以 4 000 r/min 离心分离 20 min,得到含有蛋白质的上层清液。残渣再加入 100 mL 蒸馏水在第一次浸提条件相同的情况下,再浸提 0.5 h。离心得到上清液,合并两次上清液。

2. 酸沉。在不断搅拌的情况下(搅拌速度为 30~35 r/min),在上清液中缓缓加入 0.3 mol/L HCl 溶液,调整溶液 pH 值至 4.4~4.6,使蛋白质在等电点状态下沉淀。加酸时要不断检测溶液的 pH 值,当全部溶液都达到等电点时,应立即停止搅拌,静置 20 min,使蛋白质能形成较大的颗粒而沉淀下来,沉淀速度越快越好。

3. 离心与洗涤。用离心机将酸沉下来的沉淀物离心脱水,弃去清液。沉淀物用50~60 ℃ 的温水 10 mL 洗涤两次,离心,弃去洗液,得到蛋白质沉淀。

4. 真空干燥。将得到的蛋白质沉淀转入已烘至恒重的称量皿中,放入真空干燥箱中进行干燥至恒重,干燥温度为 70 ℃,真空度为 93.3~98.6 kPa。

5. 测定蛋白质含量。将干燥后的蛋白质样品准确称取 100.0 mg,加入凯氏定氮仪消煮管中,按凯氏定氮法进行消化、蒸馏和滴定。记下滴定样品及空白液消耗标准盐酸溶液的体积。

四、结果计算

粗蛋白含量按式(4.1)和式(4.2)计算。

$$N(\%) = \frac{1.401 \times M \times (V - V_0)}{W} \tag{4.1}$$

$$P(\%) = N(\%) \times C \tag{4.2}$$

式中:N——含氮量,%;

$\quad\quad P$——粗蛋白含量,%;

$\quad\quad M$——标准盐酸浓度,mol/L;

$\quad\quad W$——样品重量,g;

$\quad\quad V_0$——空白样滴定标准酸消耗量,mL;

$\quad\quad V$——样品滴定标准酸消耗量,mL;

$\quad\quad C$——粗蛋白转换系数。

五、注意事项

1. 在浸提过程中,原料的粒度、加水量、浸提温度、浸提时间及 pH 值都会影响蛋白质的溶出率和浸提效率。原料的粒度越小,蛋白质的溶出率和浸提效率均可提高,但颗粒过小会造成浸提残渣分离困难。加水量越多,蛋白质的溶出率和浸提效率越高,但加水量过多,酸沉困难。一般加水量为原料的 10~20 倍。浸提温度越高,浸提效率越高,对蛋白质的溶出率影响不大,但浸提温度过高时,黏度增加,分离困难,且蛋白质易变性,影响蛋白质的工艺性能,同时增加实验能耗。

2. 在酸沉过程中加酸速度和搅拌速度是关键,控制不好会降低蛋白质的酸沉得率,虽然达到了等电点的 pH,但蛋白质凝集下沉极为缓慢,且含水量高,上清液混浊;酸沉时的搅拌速度宜慢不宜快,一般控制在 30~40 r/min 比较适宜。

⇨ 思考题

1. 在整个实验过程中有 3 次要调节溶液的 pH 值,各步骤具有何实际意义?

2. 分离过程中,各个步骤的沉淀和上清液分别是什么成分?

方法二　大豆蛋白的膜分离提取

一、实验原理

根据大豆蛋白的相对分子质量大小、形状及膜与大豆蛋白的适应性,选择膜材料和不同截留相对分子质量的膜,对大豆蛋白提取液超滤分离,超滤净化,使非截留组分排除,达到符合标准的分离大豆蛋白液,接着将净化后的大豆蛋白提取液超滤浓缩到所需的浓度后出料,喷雾干燥成粉状大豆分离蛋白。

二、实验试剂与仪器

1. 试剂

5% NaCl 溶液、0.3 mol/L NaOH 溶液、0.3 mol/L HCl 溶液。

2. 主要仪器

超滤设备、恒温水浴锅、电子天平、离心机、酸度计、喷雾干燥器等。

3. 试样

脱脂豆粕。

三、实验步骤

1. 粉碎与浸提。在大豆蛋白提取过程中,提取前先粉碎,过 40 目筛,然后用 5% 食盐水溶液在 40 ℃,料液比为 1 : 20 的溶液中浸提 1 h。最后离心过滤得上清液进行超滤试验。

2. 超滤。取过滤所得上清液,选取截留相对分子质量在 1 万～2 万的超滤膜,通过超滤设备进行处理。工艺条件为操作压力 0.6 MPa,水温度 40 ℃,pH 值为 7.8,膜通量为 135 mL/(m²/min),得到浓液(蛋白液)。

3. 喷雾干燥。用超滤得到的截留蛋白质浓液经喷雾干燥,得到粉末蛋白质干粉。

四、注意事项

在膜处理过程中,超滤设备经过连续运转,物料长时间接触膜材料,到一定时间后,由于各种原因,通透量会逐渐变小,同时膜表面也会滋生细菌。故此,膜设备需定期有规律地进行清洗和消毒。每次清洗后,膜通量基本都能恢复正常。

超滤膜表面附着的主要是蛋白质,所以清洗剂以碱液为主。当大量蛋白质被去除后,再使用碱性次氯酸钠液,去除微生物及微量蛋白质。必要时再用酸去除沉积的无机物。清洗主过程为:①用大量 45 ℃ 含碱热水连续通过膜表面,清洗时间为 30 min;②用碱性次氯酸钠液循环冲洗膜 15 min;③用洁净水连续冲洗 20 min。

➡ **思考题**

1. 在大豆蛋白的超滤实验过程中应如何选取超滤膜的孔径大小?
2. 利用超滤所获得的大豆蛋白质的性能如何?

实验二　蛋白质水解度的测定

蛋白质的水解度是指蛋白质分子中由于生物的或化学的水解而断裂的肽键占蛋白质分子中总肽键的比例,蛋白质的水解度 DH 表示肽键被裂解的程度或百分比,即

$$DH(\%) = \frac{h}{h_{hot}} \times 100 \tag{4.3}$$

式中:DH——水解度,%;

h——被裂解的肽键数,mmol/g;

h_{hot}——原蛋白质肽键数,mmol/g。

对于特定的蛋白质,h_{hot} 是一个常数,一般采用文献中的经验值,如大豆蛋白质为 7.8 mmol/g,酪蛋白为 8.2 mmol/g。在水解过程中,肽键断裂会形成新的羧基和氨基,因此,根据水解后新形成的末端羧基或氨基基团的数量就可测定水解肽键的数量。

方法一　茚三酮比色法测定蛋白质水解度

一、实验原理

水合茚三酮与 α-氨基酸在水溶液中加热时可生成蓝紫色物质。α-氨基酸首先被氧化分解,放出氨和二氧化碳,氨基酸生成醛,水合茚三酮则生成还原型茚三酮,在弱酸性溶液中,还原型茚三酮、氨和另一分子茚三酮反应,缩合成蓝紫色物质。

二、实验试剂与仪器

1.试剂

1 mol/L NaOH 溶液、6 mol/L 盐酸、茚三酮、磷酸氢二钠、磷酸二氢钠、蛋白酶,试剂均为分析纯。

茚三酮溶液:2 g 茚三酮加入 100 mL 蒸馏水,溶解,放棕色瓶中保存,应每次使用前配制。

pH=8 缓冲溶液:0.2 mol/L Na_2HPO_4 94.7 mL 与 0.2 mol/L NaH_2PO_4 5.3 mL 合并,混匀。

2.主要仪器

751 分光光度计、电子天平、25 mL 比色管、凯氏定氮仪、电动搅拌器等。

3.试样

大豆蛋白或菜籽蛋白。

三、实验步骤

1.完全水解蛋白液的制备。取大豆蛋白 100 mg,放入特制的反应瓶,加入 100 mL 6 mol/L 盐酸,拧紧瓶盖,放入 130 ℃ 烘箱中水解 24 h,冷却,过滤,滤液真空浓缩至 0.5 mL 左右,加蒸馏水 90 mL,用 1 mol/L NaOH 中和至中性(pH=6),定容至 100 mL。

2.工作曲线的绘制。取完全水解液 0.1～1.0 mL 于 25 mL 比色管中,蒸馏水稀释至

4.0 mL,加 pH=8 缓冲溶液 1.0 mL,茚三酮溶液 1.0 mL,混匀,沸水浴加热 15 min,冷却,蒸馏水稀释至25 mL。570 nm 测光密度(水作参比)。另取 100.0 mg 蛋白,加水 100 mL,振荡均匀后过滤,取相应体积的滤液,按上述方法测吸光度值。相同体积样品的吸光度之差与蛋白质量做工作曲线,取线性部分做标准曲线。

3. 水解液水解度的测定。取水解后灭酶的水解液 1 mL,稀释至 100 mL,过滤,取滤液 1~4 mL(使测定值在工作曲线的线性部分),加水至 4 mL,加 pH=8 缓冲溶液1.0 mL,茚三酮溶液 1.0 mL,沸水浴加热 15 min,冷却,蒸馏水稀释至 25 mL,570 nm 测吸光度(水作参比)。另取相同浓度未水解蛋白溶液 1~4 mL,按上述方法测吸光度,以二者吸光度之差从工作曲线上查蛋白质含量。

四、结果计算

水解度按式(4.4)计算。

$$DH(\%) = \frac{A}{1\ 000 \times W} \times V_1 \times \frac{100}{V_2} \times 100 \tag{4.4}$$

式中:DH——水解度,%;

　　　A——查表得蛋白质的毫克数,mg;

　　　W——称样质量,g;

　　　V_1——水解液的总体积,mL;

　　　V_2——显色时所用稀释液的体积,mL。

五、注意事项

1. 此种方法采用待水解的蛋白质的完全水解液作为标准溶液,消除了由于蛋白质水解液中不同的氨基酸对反应试剂的响应不同所带来的误差。因此,采用此种方法测定的结果最接近实际值。

2. 茚三酮溶液最好是现配现用。

⇒ 思考题

1. 大豆蛋白质在何种条件下才能完全水解?
2. 本实验中的标准曲线为何不用某种氨基酸的标样进行?

方法二　pH-Stat 法测定蛋白质水解度

一、实验原理

当肽键被水解裂开后,紧接着在羧基($pk_c \approx 4$)和 α-氨基($pk_a \approx 7.5$)之间产生质子交换作用。当蛋白质酶解过程在 pH 值 6.5 以上进行时,质子化的氨基酸将离解。如果要保持反应体系 pH 值不变,就必须加入碱液,碱液的消耗正比于被水解肽键的数目。当大豆蛋白质被碱性或中性蛋白酶水解时,在水解过程中,溶液的 pH 值会降低,以自动电位滴定仪保持溶液的 pH 值在碱性或中性,每隔一定时间读出消耗的碱液量,则可计算出大豆蛋白质的水解度。

二、实验试剂与仪器

1. 试剂

碱性蛋白酶(AlcalaseTM)、0.5 mol/L NaOH 溶液、6 mol/L 盐酸,试剂均为分析纯。

2. 主要仪器

集热式磁力搅拌机、pHS-3C 精密 pH 计、电子天平、电动搅拌器、离心机等。

3. 试样

大豆分离蛋白。

三、实验步骤

1. 蛋白液水解。大豆分离蛋白和水(1∶15)室温下混合搅拌 1 h,20 ℃下 8 000 r/min 离心 30 min,除去不溶物,得到天然大豆蛋白提取液后,加热到 95 ℃保温 1 h,再进行降温,调节 pH 值为 7.0 和温度 50 ℃,加入适量的蛋白酶,进行酶解。

2. 反应过程中用 pHS-3C 精密 pH 计监控,用 0.5 mol/L 的 NaOH 不断地调节 pH 值至 7,反应结束后,记下所用碱液的量。

四、结果计算

按式(4.5)计算大豆分离蛋白的水解度。

$$DH(\%) = \frac{C_{NaOH} \times V_{NaOH}}{\alpha \times Mp \times h_{tot}} \times 100\% \qquad (4.5)$$

式中:DH——水解度,%;

C_{NaOH}——碱的摩尔浓度,mol/L;

V_{NaOH}——消耗碱体积,mL;

α——大豆分离蛋白氨基的平均解离度,在蛋白质的正常水解温度(50 ℃)、中性 pH 值下,α 等于 0.44;

Mp——被水解蛋白的质量,g;

h_{tot}——每克蛋白质底物具有的肽键毫摩尔数,大豆分离蛋白为 7.75。

五、注意事项

pH-stat 法是根据酶解过程中释放出的氢离子来计算水解度,pH-stat 法测定简单,允许实时监控水解度,测定微弱的水解物的水解度时误差较小,但仅适合于在中性和碱性水解条件下进行。测定酸性条件下进行水解,不能采用 pH-stat 法。

➡ 思考题

1. 整个反应过程中为何要一直控制反应体系的 pH 值?

2. 为什么 pH-Stat 法测定蛋白质水解度在酸性条件下不适用?

实验三　蛋白质水合能力的测定

蛋白质分子中具有许多亲水基团,这些基团的存在使蛋白质与水发生相互作用,将水保持在蛋白质分子的结构中,使之不能流动,蛋白质的这种性质称为蛋白质的水合能力或持水力(water holding capacity,WHC),无论是溶解性好的蛋白质还是难溶的蛋白质都具有水合能力,通常用每克蛋白质吸附水分的质量(g)或体积(mL)来表示。测定蛋白质持水性的方法主要有过量水法、水饱和法、相对湿度法、肿胀法等,本实验介绍过量水法和水饱和法。

一、实验原理

将蛋白质样品置于水中,其中水量必须超过蛋白质所能结合的水量,然后采用过滤、低速离心或压挤的方法将过剩的水和被蛋白质保留的水分开。

二、实验试剂与仪器

1.试剂

0.1 mol/L 的盐酸或氢氧化钠溶液,试剂均为分析纯。

2.主要仪器

台式离心机、50 mL 塑料离心管、磁力搅拌器、酸度计、恒温水浴锅、天平等。

3.试样

大豆分离蛋白或大豆浓缩蛋白。

三、实验步骤

(一)过量水法

(1)取 50 mL 塑料离心管,称量质量(m_1)。

(2)准确称取试样质量 1.000 g 置于离心管中,加蒸馏水 30 mL,用磁力搅拌器使蛋白质溶液分散均匀。

(3)测量样液的 pH 值,用 0.1 mol/L 的盐酸或氢氧化钠溶液调 pH 值至 7.0。

(4)在恒温水浴中,于 60 ℃加热 30 min,然后在冷水中冷却 30 min。

(5)把样品管置于离心机中,在 3 000 r/min 条件下,25 ℃离心 10 min 后倾去上清液。称取离心管的质量(m_2),计算出每克蛋白质样品的持水力(WHC)。

(6)结果计算

蛋白质的水合能力可按式(4.6)计算。

$$WHC = \frac{质量差}{样品质量}(g/g) \tag{4.6}$$

注意:1)若测定的样品为不溶物,则:

$$质量差 = m_2 - m_1 - 1 \tag{4.7}$$

2)若测定的样品为部分溶解物,则:

$$质量差 = m_2 - m_1 - \frac{100 - S}{100} \tag{4.8}$$

式中:S——样品的溶解度(%)×干样的蛋白质含量(%)。

(二)水饱和法

水饱和法测定蛋白质的水合能力分两步进行,首先确定水合能力的近似值,然后确定持水力的偏差范围。

1. 确定水合能力近似值。称取 1.500 g 蛋白质样品,置于预称重过的离心管中,逐步加水,每加一次水,就用玻棒将样品搅匀,加至样品呈浆状但无水析出为止,在管壁上擦干玻棒,以 2 000 r/min 离心 10 min,倒去上清液,称重。

若离心后没有水析出,则应继续加水,搅匀,离心,直至离心后有少量水析出为止。根据离心前后的质量变化按式(4.9)计算蛋白质的 WHC 近似值。

$$WHC(g 水 /g 样品) = \frac{(离心管质量 + 沉淀物质量) - (离心管质量 + 样品质量)}{样品质量}$$

$$\tag{4.9}$$

2. 确定水合能力的偏差范围。在四支称重过的离心管中,加入待测样品,试样量按式(4.10)计算。

$$试样量 = 15/(WHC 近似值 + 1) \tag{4.10}$$

加入试样后,向离心管中加水,加水量分别比计算值多 1.5 mL、0.5 mL 或少 0.5 mL、1.5 mL 的水,用玻棒搅拌 2 min。

$$加水量计算值 = 试样量×WHC 近似值 \tag{4.11}$$

以 3 000 r/min 离心 10 min,从四管中找出一管出水而另一管不出水的相邻两管,倒去上层清液,该两管的 WHC 即为持水力的偏差范围。

四、注意事项

1. 水过量法具有操作简便、实用性强等优点,但也存在不足,表现在以下几方面:

(1)未考虑物质的粒度、加入水的温度及离子强度等因素对水化作用的影响。

(2)加水方式对结果有影响,如果逐渐少量加水使混合物湿透、离心,未出现上清液,再重复加入剩余的水、离心,吸水率势必减小。

(3)WHC 确定时加水量最大差值为 3.0 mL,对 50 mL 大小的离心管及其具体的物料而言,清液的分界线难以确定,因此本方法的准确度不高。

2. 水饱和法在加水过程中要做到少量多次,搅拌充分,避免因一次加入过多,局部蛋白溶解造成测定误差。

3. 离心时注意对称的两管一定要平衡质量。

⇨ 思考题

1. 过量水法中样液的 pH 值为何要调至 7.0?
2. 影响蛋白质持水力的因素有哪些?
3. 分析蛋白质的溶解性和水合能力没有对应关系的原因。

实验四　蛋白质乳化性与乳化稳定性的测定

乳化性是指蛋白质产品能将油、水结合在一起,形成乳浊液的性能。反映蛋白质乳化性的指标广泛采用乳化容量和乳化稳定性来表示。乳化容量(EC)是指在一定条件下,单位质量的蛋白质在形成水包油(O/W)乳化体系时所能乳化油脂的最大量。乳化稳定性(ES)是指蛋白质使乳状液在各种条件下保持乳化状态稳定的能力。蛋白质的乳化性能可应用于香肠、汤料、奶酪、蛋糕等食品体系。

方法一　电阻法

一、实验原理

水包油型乳状液和油包水型乳状液相比,具有较低的电阻。在一定条件下向一定浓度蛋白质溶液中以一定速度滴加油,当电阻的读数变为无穷大时,表明乳状液发生了相转化,由 O/W 型变成了 O/W 型。因此,此时所滴加的油的量即为该条件下蛋白质所能乳化油脂的最大量,根据定义即可计算出乳化容量。

二、实验试剂与仪器

1. 试剂

0.1 mol/L 的盐酸或氢氧化钠溶液、大豆色拉油。

2. 主要仪器

电动匀浆机、电动均质机、离心机、电子天平、精密 pH 计、751G 分光光度计、DDSJ-308A 雷磁电导仪、乳化性测定装置。

3. 试样

大豆分离蛋白。

三、实验步骤

1. 取 1% 的蛋白质溶液 100 mL,调 pH 值至 7.0,将其分成二等份。

2. 取一份上述蛋白质溶液加入乳化测定装置的球形瓶中,插上电极,称量(m_1)。

3. 开动液体混合器,使溶液高速连续混合 30 s。

4. 混合后,在高速搅拌下以速度 v(mL/s)开始滴油,直至溶液的电阻值为无穷大时,停止滴油,此时已达乳化的极限值。

5. 记录停表时间,并称量球形瓶(m_2)。油滴加前后溶液的质量变化即为乳化油的量。

6. 取另一份蛋白质溶液于 100 mL 离心管中,加入相当于其最大乳化耗油量 80% 的棉籽油,高速搅拌 30 s,记录乳浊液体积。然后将此乳液在转速为 4 000 r/min 的条件下离心 10 min,测定最终乳浊液的体积。

四、结果计算

1.乳化容量按式(4.12)计算。

$$乳化容量(mL/g) = \frac{m_2 - m_1}{\rho \times c \times V} \times 100 \tag{4.12}$$

式中:ρ——棉籽油的密度;

c——蛋白质质量浓度,g/100 mL;

V——蛋白质溶液体积,mL。

也可以用式(4.13)计算。

$$乳化容量(mL/g) = (t - 30) \times v \times \frac{1}{c \times V} \times 100 \tag{4.13}$$

式中:t——乳化过程所需的时间,s;

c——蛋白质质量浓度,g/100 mL;

v——油的流速,mL/s;

V——蛋白质溶液体积,mL。

2.乳化稳定性按式(4.14)计算。

$$乳化稳定性(\%) = \frac{最终乳浊液体积}{最初乳浊液体积} \times 100 \tag{4.14}$$

五、注意事项

1.由于溶液的 pH 值会影响蛋白质的乳化性,因此所使用的油应不含游离脂肪酸,一般采用纯植物油如棉籽油、花生油等。

2.使用的具体测试条件不同,所得数据也将有很大的差异,因此为了使测定具有良好的重现性,应保持测试条件的一致,如溶液的 pH 值、滴油速度等。

方法二 离心法

一、实验原理

将等体积的蛋白质溶液和等体积的油脂混合形成乳浊液,然后离心,则离心管中将呈现油、乳液、水三个界面,测出游离油的量,即可计算出乳化容量和乳化稳定性。

二、实验试剂与仪器

1.试剂

0.1 mol/L 的盐酸或氢氧化钠溶液、大豆色拉油。

2.主要仪器

电动匀浆机、电动均质机、离心机、电子天平、精密 pH 计、恒温水浴锅。

3.试样

大豆分离蛋白。

三、实验步骤

1. 取 1% 的蛋白质溶液 100 mL,调 pH 值至 7.0。

2. 取上述蛋白质溶液和同体积的大豆色拉油混合,以 10 000 r/min 的速度高速搅拌 1 min。

3. 所得乳状液移入 3 支 10 mL 的离心管中,在 70 ℃ 的水浴中恒温 25 min,用自来水冷却至室温,然后在 2 000 r/min 的速度下离心 10 min,根据乳化层体积计算乳化稳定性。

四、结果计算

乳化稳定性和乳化能力可按式(4.15)计算。

$$乳化稳定性(\%) = \frac{乳化层体积}{总体积} \times 100 \tag{4.15}$$

五、注意事项

1. 由于溶液的 pH 值会影响蛋白质的乳化性,因此所使用的油应不含游离脂肪酸,一般采用纯植物油如棉籽油、花生油等。

2. 使用的具体测试条件不同,所得数据也将有很大的差异,为使测定具有良好的重现性,应保持测试条件的一致,如溶液的 pH 值、滴油速度等。

3. 每个样品平行两次。

⇨ **思考题**

1. 溶液的 pH 值是如何影响蛋白质乳化性的?
2. 测定蛋白质乳化性的原理有何异同?

实验五　蛋白质起泡能力与泡沫稳定性的测定

一、实验原理

蛋白质是一种表面活性剂,具有表面活性和成膜性,因此向一定浓度的蛋白质溶液中通入压缩空气或纯氮,则在其溶液中会产生气泡,而且由于蛋白质能在泡沫表面形成有一定强度和弹性的膜,因此蛋白质能在一定程度上使泡沫稳定。单位蛋白质产生泡沫的体积即表示为蛋白质的起泡能力(foaming capacity,FC);单位时间蛋白质的泡沫变化即表示为泡沫的稳定性(foaming stability,FS)。

二、实验试剂与仪器

1. 试剂

0.1 mol/L 的盐酸或氢氧化钠溶液、乳酸、氯化钠、大豆油,试剂均为分析纯。

2. 主要仪器

电动匀浆机、高速乳化均质机、电子天平离心机、精密 pH 计。

3. 试样

大豆分离蛋白。

三、实验步骤

1. 取四支 500 mL 量筒,分别加入 1% 大豆蛋白质溶液 100 mL,调 pH 值至 7.0,注意此过程中不要产生泡沫。在 3 支量筒中分别加入 1 mL 乳酸、1 mL 大豆油、0.2 g 氯化钠。

2. 使用高速乳化均质机以 12 000 r/min 的速度均质 40 s,连续 3 次共计发泡 2 min。

3. 停止乳化均质机,立即记录均质后的泡沫最大体积,记为 V_0。

4. 静置 30 min 后,再次记录液面高度,记为 V_{30}。

5. 每个样品平行两次。

四、结果计算

1. 起泡能力按式(4.16)计算。

$$FC = \frac{V_0}{C \times 100} \tag{4.16}$$

式中:FC——起泡能力,mL/g;

　　V_0——均质后的泡沫最大体积,mL;

　　C——蛋白质溶液的质量浓度,g/100 mL;

　　100——移取蛋白质溶液的体积,mL。

2. 泡沫稳定性按式(4.17)计算。

$$FS(\%) = \frac{V_{30}}{V_0} \times 100 \tag{4.17}$$

式中:FS——泡沫稳定性,%;

V_0——均质后的泡沫最大体积,mL;

V_{30}——静置 30 min 后的泡沫体积,mL。

五、注意事项

蛋白质的发泡性受环境条件如溶液的 pH 值、温度、离子强度、均质速度等影响很大,因此测定时应使测试条件一致,减少误差。

思考题

1. pH 值、油脂、盐对蛋白质的起泡性有何影响?
2. 分析影响蛋白质起泡能力和泡沫稳定性的因素有哪些?

实验六 蛋白质凝胶性能的测定

一、实验原理

凝胶性是指蛋白质在一定浓度下经加热处理,使变性的蛋白质分子聚集并形成有序的蛋白质空间网络结构,具有一定强度和弹性的胶体状组织。球蛋白热致凝胶的形成是一个涉及多种反应的复杂过程。首先,蛋白质初步变性,导致黏度上升和结构变化,蛋白质分子肽链解开,暴露出相互作用位点,使去折叠的蛋白质分子相互作用聚集成凝胶网络,在这个过程中"预凝胶"(progel)形成。随后由分子间的二硫键、氢键、疏水相互作用使解开的肽链间重新交联形成横截面是一个圆柱结构的规则胶束,这是一个不可逆的过程。形成的胶束主要为精致索状网络和粗糙网络结构。以精致索状网络结构为主的凝胶是透明的,蛋白质分子排列相对有序,其厚度为蛋白质分子几倍的胶束组成。粗糙网络形成的凝胶不透明,由直径范围在 100～1 000 倍蛋白分子大小的微粒组成。

二、实验试剂与仪器

1. 试剂

饱和氯化钙溶液、δ-葡萄糖酸内酯,试剂为分析纯。

2. 主要仪器

TA-XTplus2 质构仪、JJ-1 电动搅拌器、水浴锅等。

3. 试样

大豆分离蛋白。

三、操作步骤

1. 凝胶的制备。取 52.00 g 蒸馏水加 13.00 g 大豆分离蛋白样品(如样品吸水量大,水的用量可适当提高)充分混合后置于离心管中,2 500 r/min 离心 5 min,用保鲜膜封口,放入 90 ℃ 水浴中保持 30 min。取出置于 4 ℃ 温度条件下冷却 12 h。

2. 凝胶性能的测定。制成厚度为 3 cm 的样品,样品的刀切面用于色泽检验,样品底部用于凝胶测定。采用 TA-XTplus2 质构仪进行测定,图谱见图 4.1。采用 P 0.5 柱形探头,每个样品测三点,取平均值。设置探头最小感知力为 5 g,穿刺前探头运行速度为 5.0 mm/s,穿刺过程中的运行速度为 5.0 mm/s,穿刺后返回过程中的运行速度为 5.0 mm/s,穿刺距离为 24 mm,间隔时间为1 s,检测温度为(25±2)℃。测定指标为:

(1)脆度 曲线上的正向上第一个破折处,即下压过程中凝胶表面破碎的力。

(2)硬度 曲线上的正向上最大力,即下压过程中受到的最大力。

(3)稠度 力与时间形成的正峰面积。

(4)黏聚性 负向最大力,用于模拟表示样品的内部黏合力。

(5)黏着性 力与时间形成的负峰面积,反映了样品对返回的探头有黏着力。

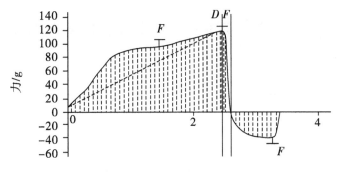

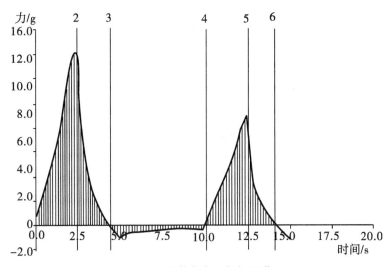

图 4.1　质构仪多面剖析图谱

四、注意事项

1. 质构仪是精密的测试仪器,任何的震荡都会影响仪器的精密度,进而影响测定的结果的准确度;探头在使用时一定要保持清洁,每次测试后使用纸巾擦拭干净;底座安装时每次的方向要一致。

2. 将 20% 的大豆蛋白溶液 200 mL,在沸水浴中加热不断搅拌均匀,稍冷,将其分成两份,一份加入 20 滴饱和氯化钙,另一份加入 0.2 g δ-葡萄糖酸内酯,放置 90 ℃ 水浴中 30 min,取出置于 4 ℃ 温度条件下冷却 12 h,测定凝胶性能。

思考题

1. 饱和氯化钙和 δ-葡萄糖酸内酯对大豆分离蛋白凝胶性能有何影响?

2. 质构仪测定蛋白质的凝胶性能的原理是什么?

实验七　活性肽对羟基自由基(·OH)的抑制活性的测定

方法一　邻二氮菲-Fe^{2+}氧化法

一、实验原理

Fe^{2+} 与邻二氮菲能够生成稳定的橙红色络合物,在 536 nm 波长有最大吸收峰。反应体系中定量加入的 Fe^{2+} 和 H_2O_2 通过 Fenton 反应产生羟自由基。自由基和氧化剂将一部分 Fe^{2+} 氧化为 Fe^{3+},使橙红色络合物减少。体系中加入抗氧化剂与体系中自由基和氧化剂反应,使 Fe^{2+} 的减少受到抑制。用分光光度计测定橙红色络合物吸光度的变化可表示抗氧化剂抗氧化能力的高低。

二、实验试剂与仪器

1. 试剂

木瓜蛋白酶、0.5 mol/L NaOH、1 mol/L HCl、0.75 mol/L 邻二氮菲溶液、0.75 mmol/L 硫酸亚铁溶液、磷酸盐缓冲液 PBS(0.2 mol/L,pH=7.4)、过氧化氢,试剂均为分析纯。

2. 主要仪器

751G 分光光度计、水浴锅、离心机、电子天平、精密 pH 计、冷冻干燥机、真空浓缩仪。

3. 试样

大豆分离蛋白、大豆浓缩蛋白或其他蛋白。

三、实验步骤

1. 蛋白活性肽的制备。称取大豆蛋白 12.5 g,溶于 250 mL 的蒸馏水中,调 pH 值为 7.5,加入 6% 的木瓜蛋白酶,40 ℃ 水浴振荡水解。在水解的过程中不断滴加 0.5 mol/L 的 NaOH 溶液,使 pH 值稳定在 7.5。水解 30 min 后,沸水浴灭酶 10 min,冷却后用 1 mol/L HCl 调酶解液 pH 值到 7,在 3 000 r/min 下离心 15 min,将上清液用截留相对分子质量为 3 000 的聚砜膜进行超滤,收集滤液,再采用大孔树脂 DA201-C 对滤液进行脱盐处理,最后经真空浓缩和冷冻干燥,得到相对分子质量分布在 3 000 以下的大豆蛋白肽产品。

2. 活性肽对羟基自由基(·OH)的抑制活性的测定

(1)取 0.75 mol/L 的邻二氮菲溶液 1 mL 于试管中,依次加入磷酸盐缓冲液 PBS (0.2 mol/L,pH=7.4)2 mL 和蒸馏水 1 mL、0.75 mmol/L 硫酸亚铁液 1 mL,充分混匀,加体积分数为 0.01% 的 H_2O_2 1 mL,于 37 ℃ 下恒温反应 45 min,于 536 nm 处测其吸光度 A_p。

(2)用 1 mL 蒸馏水代替 H_2O_2,其他同(1),测得的吸光度为 A_b。

(3)用试样液 1 mL 代替(1)中的 1 mL 蒸馏水,测得的吸光度为 A_s。

四、结果计算

·OH 自由基清除率按式(4.18)计算。

$$D(\%) = \frac{A_s - A_P}{A_b - A_p} \times 100 \tag{4.18}$$

式中：D——羟基自由基清除率，%；

　　A_s——加试样液的吸光度；

　　A_b——不加 H_2O_2 的吸光度；

　　A_p——空白样的吸光度。

五、注意事项

1. 该方法是针对 Fenton 反应产生羟自由基的检测方法，如果将其应用于对保健食品的检测就会出现方法线性范围窄、最低检测限高、稳定性差、结果表达方式缺乏可比性等不足。

2. 样品管的吸光度应在标准曲线的线性范围之内。若不在此范围，应采用稀释或浓缩的方法处理后再测定，但需注意用公式计算结果的时候应将稀释或浓缩倍数计算进去。

方法二　水杨酸法

一、实验原理

Fenton 反应产生羟基自由基：$H_2O_2 + Fe^{2+} \longrightarrow \cdot OH + OH + Fe^{3+}$

水杨酸能够有效捕捉羟基自由基·OH，并产生有色物质，其反应式为：

该有色物质在 510 nm 处有强吸收。添加水杨酸后立即测定吸光度值 A_0。若在水杨酸捕捉羟基自由基体系中添加水溶性大豆活性肽，由于其具有抑制羟基自由基的功能，从而使得有色物质的浓度降低，此时测定吸光度值 A_x（此值可作为清除一定量的·OH 值），则可测得水溶性大豆活性肽对·OH 的清除率。

二、实验试剂与仪器

1. 试剂

木瓜蛋白酶、0.5 mol/L NaOH、1 mol/L HCl、0.75 mmol/L 硫酸亚铁液、过氧化氢，所有试剂均为分析纯。

2. 主要仪器

751G 分光光度计、水浴锅、离心机、电子天平、精密 pH 计、冷冻干燥机、真空浓缩仪。

3. 试样

大豆分离蛋白、大豆浓缩蛋白或其他蛋白。

三、实验步骤

1. 蛋白活性肽的制备。称取大豆蛋白 12.5 g,溶于 250 mL 的蒸馏水中,调 pH 值为 7.5,加入 6% 的木瓜蛋白酶,40 ℃水浴振荡水解。在水解的过程中不断滴加 0.5 mol/L 的 NaOH 溶液,使 pH 值稳定在 7.5。水解 30 min 后,沸水浴灭酶 10 min,冷却后用 1 mol/L HCl 调酶解液 pH 值到 7,在 3 000 r/min 下离心 15 min,将获得的上清液用截留分子质量为 3 000 的聚砜膜进行超滤,收集滤液,再采用大孔树脂 DA201-C 对滤液进行脱盐处理,最后经真空浓缩和冷冻干燥,得到相对分子质量分布在 3 000 以下的大豆蛋白肽产品。

2. 测定。在 25 mL 的比色管中依次移取 5 mL 2 mmol/L 硫酸亚铁溶液和 5 mL 6 mmol/L 过氧化氢溶液,混合均匀后用 6 mmol/L 水杨酸溶液定容至刻度,摇匀后在 510 nm 处立即测 A_0 值。在 A_0 值测定体系中,加入 1 mL 水溶性大豆活性肽溶液,摇匀后立即测 A_x 值。

四、结果计算

水溶性大豆活性肽对·OH 的清除率可根据式(4.19)进行计算。

$$抑制率(\%) = \frac{A_0 - A_x}{A_0} \times 100\% \tag{4.19}$$

式中:A_0——空白样的吸光度;

A_x——试样的吸光度。

五、注意事项

该实验中所用的试剂应是现配现用,否则对测定结果产生一定的影响。

⇨ 思考题

1. 测定时其他离子的存在是否会干扰该方法的准确性?
2. 该实验中所用的试剂为何均不能长时间放置?
3. 哪些因素影响自由基的清除率或抑制率的高低?

第 **5** 章

食品中酶的检测

实验一 大豆中脂肪氧化酶活性的测定

脂肪氧化酶(lipoxygenase)又称脂肪氧合酶,简称脂氧酶(LOX),属于氧化还原酶,是一类含非血红素铁的蛋白质,广泛存在于动植物中,如在大豆、绿豆、小麦、燕麦、大麦及玉米中含量较多,另外马铃薯的块茎、花椰菜、紫苜蓿和苹果等植物的叶中也存在,藻类、面包酵母、真菌以及氰细菌中也发现有脂氧酶存在。在豆类植物中脂肪氧化酶有较高的活力,其中以大豆中的活力最高。目前已经发现大豆中存在三种脂肪氧化同工酶,即Lox-1、Lox-2 和 Lox-3。测定大豆脂肪氧化酶活性的方法很多,如紫外分光光度法、测压法、氧电极法等,其中分光光度法具有快速、简便、易于连续测定的优点,应用较为广泛。

一、实验原理

脂肪氧合酶 Lox-1 与底物亚油酸发生酶促反应,生成的过氧化物在 234 nm 波长处有特征吸收峰,可用 234 nm 处吸光度的增加来考察 Lox-1 酶活;Lox-2 酶的活性在 238 nm 处测定;Lox-3 酶的活性在 280 nm 处测定。

二、实验试剂与仪器

1. 试剂

(1)亚油酸、花生四烯酸、吐温 20、试剂均为分析纯,水为蒸馏水或与其纯度相当的水。

(2)0.2 mol/L,pH=6.5 磷酸钠缓冲溶液

1)0.2 moL/L NaH_2PO_4 溶液:称取 $NaH_2PO_4 \cdot 2H_2O$ 31.2 g(或 $NaH_2PO_4 \cdot H_2O$ 27.6 g),用重蒸水定容至 1 000 mL。

2)0.2 moL/L Na_2HPO_4溶液:称取 $Na_2HPO_4 \cdot 12H_2O$ 71.6 g(或 $Na_2HPO_4 \cdot 7H_2O$ 53.6 g 或 $Na_2HPO_4 \cdot 2H_2O$ 35.6 g),用重蒸水定容至 1 000 mL。

3)0.2 mol/L pH=6.1 磷酸钠缓冲溶液:取 85 mL 0.2 mol/L 的 NaH_2PO_4 和 15 mL 0.2 mol/L的 Na_2HPO_4,充分混合即为 0.2 mol/L pH=6.1 的磷酸钠缓冲溶液。

4)0.2 mol/L pH=6.5 磷酸钠缓冲溶液:取 68.5 mL 0.2 mol/L 的 NaH_2PO_4 和 31.5 mL 0.2 mol/L 的 Na_2HPO_4,充分混合即为 0.2 mol/L pH=6.5 的磷酸钠缓冲溶液。

(3)0.2 mol/L pH=9 硼酸钠缓冲溶液

1)0.2 mol/L 硼酸(H_3BO_3)溶液:称取硼酸 12.37 g,用重蒸水定容至 1 000 mL。

2)0.05 mol/L 硼砂($Na_2B_4O_7$)溶液:称取硼砂 19.07 g,用重蒸水定容至 1 000 mL。

3)0.2 mol/L pH=9 硼酸钠缓冲溶液:取 2 mL 0.2 mol/L 的硼酸溶液和 8 mL 0.05 mol/L 的硼砂溶液,充分混合即为 0.2 mol/L pH=9 的硼酸钠缓冲溶液。

(4)0.5 mol/L 的氢氧化钠溶液:取氢氧化钠 20.00 g,加水 1 000 mL 振摇使溶解成饱和溶液,冷却后,静置数日。取澄清的氢氧化钠饱和溶液 28 mL,加新沸过的冷水 1 000 mL,摇匀,用 105 ℃ 干燥至恒重的基准邻苯二甲酸氢钾标定。

2. 主要仪器

研钵、分析天平、50 mL 移液管、漏斗、磁力搅拌器、离心机、紫外可见分光光度计等。

3.试样

大豆。

三、实验步骤

（一）试样处理

1.大豆提取液的制备。将大豆研磨成细粉,称取 1.00 g 细粉,加入 50 mL 0.2 mol/L pH＝6.5 的磷酸钠缓冲溶液,室温下磁力搅拌 2 h,然后在 15 000 r/min 的离心机中离心 30 min,上清液经滤纸过滤后,滤液即为大豆脂肪氧化酶提取液,存于冰箱备用。

2.酶反应底物的制备

（1）亚油酸和花生四烯酸储备溶液的配制:分别称取 140 mg 亚油酸和花生四烯酸,加入等量的吐温 20 和水 8 mL,再加入 1.1 mL 0.5 mol/L 的氢氧化钠使溶液澄清,加水定容至 50 mL,制成亚油酸和花生四烯酸的储备溶液,置于 4 ℃冰箱中备用。

（2）Lox-1 酶的反应底物制备:亚油酸储备液用 0.2 mol/mL pH＝9 的硼酸钠缓冲溶液稀释 40 倍作为测定 Lox-1 酶的反应底物。

（3）Lox-2 酶的反应底物制备:花生四烯酸储备液以 0.2 mol/mL pH＝6.1 的磷酸钠缓冲溶液稀释 40 倍作为测定 Lox-2 的反应底物。

（4）Lox-3 酶的反应底物制备:亚油酸储备液以 0.2 mol/mL pH＝6.5 的磷酸钠缓冲溶液稀释 40 倍作为测定 Lox-3 的反应底物。

（二）脂肪氧化酶活性的测定

酶反应在 25 ℃,厚度为 1 cm、容积为 3 mL 的石英比色皿中完成。

（1）Lox-1 酶活性测定:在 3 mL 的石英比色皿中加入 2.8 mL Lox-1 酶的反应底物和 0.2 mL 大豆提取液,随即迅速搅动混匀后,开始记录 234 nm 处光密度（*OD* 值）的变化,每 5 s 记录一个数据,每项进行 3 次平行。

空白对照,在 3 mL 的石英比色皿中加入 3 mL Lox-1 酶的反应底物,开始记录 234 nm 处光密度（*OD* 值）的变化,每 5 s 记录一个数据,每项进行 3 次平行。

（2）Lox-2 酶的活性测定:在 3 mL 的石英比色皿中加入 2.8 mL Lox-2 酶的反应底物和 0.2 mL 大豆提取液,随即迅速搅动混匀后,开始记录 238 nm 处光密度（*OD* 值）的变化,每 5 s 记录一个数据,每项进行 3 次平行。

空白对照,在 3 mL 的石英比色皿中加入 3 mL Lox-2 酶的反应底物,开始记录 238 nm 处光密度（*OD* 值）的变化,每 5 s 记录一个数据,每项进行 3 次平行。

（3）Lox-3 酶的活性测定:在 3 mL 的石英比色皿中加入 2.8 mL Lox-3 酶的反应底物和 0.2 mL 大豆提取液,随即迅速搅动混匀后,开始记录 280 nm 处光密度（*OD* 值）的变化,每 5 s 记录一个数据,每项进行 3 次平行。

空白对照,在 3 mL 的石英比色皿中加入 3 mL Lox-3 酶的反应底物,开始记录 280 nm 处光密度（*OD* 值）的变化,每 5 s 记录一个数据,每项进行 3 次平行。

四、结果计算

酶活性按式(5.1)计算。

$$A^* = 12 \times \left[OD'_{(t+5s)} - OD'_{(ts)} \right]/0.01$$

$$A = 12 \times \left[OD_{(t+5s)} - OD_{(ts)} \right]/0.01 - A^*$$

$$\text{酶活(U/g)} = \frac{AV}{0.2m} \tag{5.1}$$

式中:A——酶的活性单位数,U;

A^*——空白实验中酶活性单位数,U;

$OD'_{(ts)}$、$OD_{(ts)}$——分别为空白和样品在反应 ts 时的光密度值;

$OD'_{(t+5s)}$、$OD_{(t+5s)}$——分别为空白和样品在反应 ts 和 t+5s 时的光密度值;

0.01——以每分钟 OD 值变化 0.01 为一个酶活力单位;

V——大豆提取液的定容体积,mL;

0.2——3 mL 反应体系中粗酶液的添加量,mL;

m——大豆的质量,g。

五、注意事项

1. 研磨过程中,为保证酶不变性,研磨温度不超过 37 ℃。

2. 大豆脂肪氧化酶的三种同工酶中 LOX-1 在大豆中含量最高,因此可以用 LOX-1 作为目标检测物。

3. 测定时要迅速,操作要熟练,否则会影响结果。

思考题

1. 脂肪氧化酶的活性大小与大豆提取液的注入量的关系如何?

2. 影响大豆脂肪氧化酶的活性因素有哪些?

实验二 蔬菜中过氧化物酶活性的测定

过氧化物酶(peroxidase,POD)是一种由单一肽链与卟啉构成的血红素蛋白,是一种氧化酶,一般含有铁或铜等金属离子,可催化由过氧化氢参与的各种氧化反应,广泛存在于各种动物、植物和微生物体中。在植物体内过氧化物酶与呼吸作用、光合作用及生长素的氧化等都有密切关系。过氧化物酶含量的测定方法较多,如愈创木酚法、联苯胺法、三氯乙酸终止法等,本实验主要介绍愈创木酚比色法。

一、实验原理

愈创木酚比色法是利用在有过氧化氢存在下,过氧化物酶能使愈创木酚氧化,生成茶褐色物质(图5.1),该物质在470 nm处有最大吸收,可利用分光光度计测量470 nm的吸光度变化,测定过氧化物酶活性。

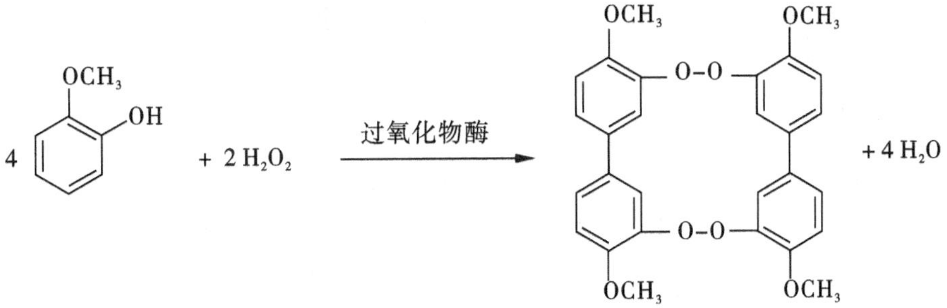

图5.1 愈创木酚的氧化反应

二、实验试剂与仪器

1.试剂

(1)愈创木酚、过氧化氢,均为分析纯,水为蒸馏水或与其纯度相当的水。

(2)0.1 mol/L pH=6.0的磷酸缓冲液

1)0.1 mol/L NaH_2PO_4溶液:称取 $NaH_2PO_4 \cdot 2H_2O$ 15.6 g(或 $NaH_2PO_4 \cdot H_2O$ 13.8 g),用重蒸水定容至1 000 mL。

2)0.1 mol/L Na_2HPO_4溶液:称取 $Na_2HPO_4 \cdot 12H_2O$ 35.8 g(或 $Na_2HPO_4 \cdot 7H_2O$ 26.8 g或 $Na_2HPO_4 \cdot 2H_2O$ 17.8 g)用重蒸水定容至1 000 mL。

3)0.1 mol/L pH=6.0 磷酸钠缓冲溶液:取 86.8 mL 0.1 mol/L 的 NaH_2PO_4 和 13.2 mL 0.1 mol/L 的 Na_2HPO_4,充分混合即为0.1 mol/L pH=6.0的磷酸钠缓冲溶液。

(3)反应混合液的制备:取0.1 mmol/L 磷酸缓冲液(pH=6.0)50 mL于烧杯中,加入愈创木酚 28 μL,于磁力搅拌器上加热搅拌,直至愈创木酚溶解,待溶液冷却后,加入30%过氧化氢 19 μL,混合均匀,保存于冰箱中。

2.主要仪器

电子天平、分光光度计、研钵、恒温水浴锅、容量瓶、吸量管、离心机、微量进样器等。

3. 试样

马铃薯。

三、实验步骤

(一)试样处理

过氧化物酶液的提取:称取马铃薯 1.00 g,剪碎,放入研钵中,加 10 mL 预先冷冻的 0.1 mol/L pH＝6.0 磷酸缓冲液研磨成匀浆,在 4 ℃下以 4 000 r/min 离心 15 min,上清液转入 100 mL 容量瓶,残渣再用 5 mL 磷酸缓冲液提取一次,上清液并入容量瓶中,用磷酸缓冲液定容至刻度,储于低温下备用。

(二)酶活力的测定

取光径 1 cm 比色杯 2 支,于 1 支中加入反应混合液 3 mL 和 0.1 mol/L pH＝6.0 磷酸缓冲液 1 mL,作为对照,另 1 支中加入反应混合液 3 mL 和上述酶液 1 mL(如酶活性过高可稀释之),立即开启秒表记录时间,于分光光度计上测量波长 470 nm 下吸光度值,每隔 1 min 读数一次。以吸光值为纵坐标,反应时间为横坐标,作出反应曲线,从曲线最初的直线部分的斜率计算出酶活。

四、结果计算

以每分钟吸光度的变化值,即 $\Delta A_{470}/[\text{g}\cdot\text{min}(鲜样质量)]$ 表示酶活性的大小,也可用 ΔA_{470} 每分钟内变化 0.01 作为 1 个过氧化物酶活单位,按式(5.2)计算酶活。

$$POD \text{ 活性}(\text{U/g}) = \frac{V_1 \times \Delta OD}{0.01 \times V_2 \times W \times \Delta t} \tag{5.2}$$

式中:ΔOD——反应初速度阶段吸光度差;

Δt——ΔOD 对应的时间,min;

0.01——以每分钟增加 0.01 吸光度为 1 个酶活单位;

V_1——提取酶液的总体积,mL;

V_2——测定时取用的提取酶液的体积,mL;

W——马铃薯的质量,g。

五、注意事项

1. 酶液提取时,应加入预冷过的缓冲溶液,防止研磨温度过高,导致酶变性。

2. 愈创木酚反应混合液一般临用前配制,冰箱内短期保存。

3. 提取液的稀释倍数和酶量的多少会影响测定结果,一般使 ΔA_{470} 每分钟在 0.2～0.4 个单位,即第一个 30 s 的 A_{470} 在 0.1～0.2,过低或过高的话相应的增加或减少酶量重新测定。

4. 每次测定前务必洗净比色杯,否则影响测定结果。

⇨ **思考题**

1. 说明过氧化物酶与蔬菜变色的关系。

2. 影响过氧化物酶活性的因素有哪些?

实验三　食品中多酚氧化酶活性的测定

多酚氧化酶(polyphenol oxidase,PPO)为自然界分布很广的一种含铜金属蛋白酶,普遍存在于植物(如马铃薯块茎的外层及谷物)、真菌、昆虫的质体中,甚至在土壤中腐烂的植物残渣上都可以检测到多酚氧化酶。多酚氧化酶能有效催化酚类化合物如单酚、邻苯二酚、邻苯三酚、对苯二酚等氧化形成相应的醌类物质。多酚氧化酶活性常用的测定方法有比色法和氧电极法,其中比色法由于操作简易、方便、快速而被广泛采用。

一、实验原理

多酚氧化酶活性的测定可采用不同的底物,包括邻苯二酚、邻苯三酚、酪氨酸、绿原酸、多巴及多巴胺等,其中以邻苯二酚测定较为敏感和稳定。多酚氧化酶氧化儿茶酚(即邻苯二酚),生成茶褐色化合物邻苯二醌(图5.2),在410 nm 波长处有最大吸收峰,故可通过测定410 nm 波长下的吸光度值的变化,计算出多酚氧化酶的活性。

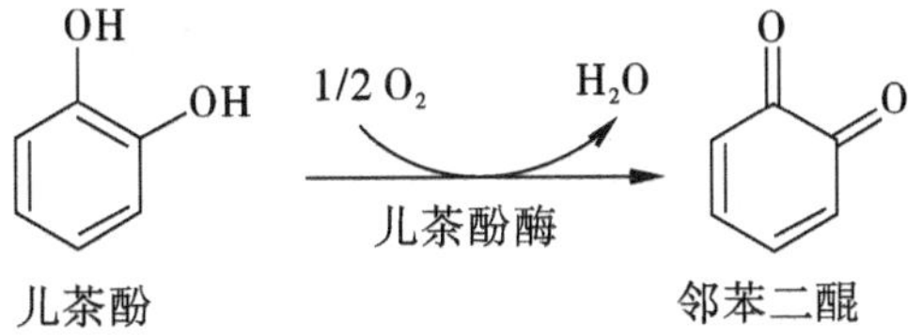

图 5.2　儿茶酚的氧化反应

二、实验试剂与仪器

1.试剂

(1)0.1 mol/L pH=5.8 的磷酸缓冲液

1)0.1 mol/L NaH_2PO_4 溶液:称取 $NaH_2PO_4 \cdot 2H_2O$ 15.6 g(或 $NaH_2PO_4 \cdot H_2O$ 13.8 g),用重蒸水定容至 1 000 mL。

2)0.1 mol/L Na_2HPO_4 溶液:称取 $Na_2HPO_4 \cdot 12H_2O$ 35.8 g(或 $Na_2HPO_4 \cdot 7H_2O$ 26.8 g或 $Na_2HPO_4 \cdot 2H_2O$ 17.8 g),用重蒸水定容至 1 000 mL。

3)0.1 mol/L pH=5.8 的磷酸钠缓冲溶液:取 91.5 mL 0.1 mol/L NaH_2PO_4 和 8.5 mL 0.1 mol/L Na_2HPO_4,充分混合即为 0.1 mol/L pH=5.8 的磷酸钠缓冲溶液。

(2)0.1 mol/L 邻苯二酚溶液:称取 11.00 g 邻苯二酚,用重蒸水定容至 1 000 mL。

2.主要仪器

分光光度计、研钵、恒温水浴锅、容量瓶、吸量管、冷冻离心机等。

3.试样

马铃薯。

三、实验步骤

(一)试样处理

马铃薯块洗净、去皮后,称取 5.00 g,放入研钵中,加入预冷的 5 mL pH = 5.8 的 0.1 mol/L磷酸缓冲溶液,研磨后,在 4 ℃下 3 500 r/min 离心 10 min,沉淀经缓冲液重悬后再次离心,所得上清液用磷酸缓冲液定容至 50 mL,低温下保存备用。

(二)多酚氧化酶活力的测定

在 3 mL 比色皿中加入 1 mL pH = 5.8 的 0.1 mol/L 的磷酸缓冲溶液、1 mL 0.1 mol/L 的邻苯二酚溶液和 1 mL 粗酶液,以磷酸缓冲液为对照,在 410 nm 处每 10 s 记录 1 次 OD 值,以 OD 值变化 0.01 为一个酶活力单位。

以吸光值为纵坐标,反应时间为横坐标,作出反应曲线,从曲线最初的直线部分的斜率计算出多酚氧化酶的活力。

四、结果计算

以每分钟内吸光度值变化 0.01 作为一个多酚氧化酶的活力单位,按式(5.3)计算马铃薯块茎多酚氧化酶的活力。

$$PPO \ 活性(U/g) = \frac{V_1 \times \Delta OD}{0.01 \times V_2 \times W \times \Delta t} \tag{5.3}$$

式中:ΔOD——反应初速度阶段吸光度差;

    Δt——ΔOD 对应的时间,min;

    0.01——每分钟增加 0.01 吸光度为一个酶活单位;

    V_1——提取酶液的总体积,mL;

    V_2——测定时取用的提取酶液的体积,mL;

    W——马铃薯的质量,g。

五、注意事项

1. 酶液提取时,应加入预冷过的缓冲溶液,防止研磨温度过高导致酶失活。
2. 邻苯二酚反应混合液一般临用前配制,冰箱内短期保存。

🢂 思考题

1. 影响多酚氧化酶活性的因素有哪些?
2. 测定多酚氧化酶的方法有哪些? 并阐述其测定原理。

实验四　水果蔬菜中酶促褐变的控制

酶促褐变发生必须具备三个条件——酚类底物、酚氧化酶和氧,因此抑制酶促褐变可从减少酚类物质含量、控制酚酶活性、降低氧浓度三方面考虑。目前用来防止酶促褐变反应的方法主要有隔绝空气、高温瞬时灭菌、控制 pH 值、加入 SO_2 或亚硫酸盐、加入高浓度的糖或高浓度的盐等。

一、实验原理

酶促褐变是酚酶催化酚类物质形成醌及其聚合物的反应过程。一般认为,果蔬的酶促褐变主要是由于富含在组织中的多酚氧化酶(PPO)催化酚类物质的氧化反应所引起的。PPO 能催化果蔬中游离酚酸的羟基化反应以及羟基酚到醌的脱氢反应,醌在果蔬体内自身缩合或与细胞内的蛋白质反应,产生褐色色素或黑色素。

酶促褐变的控制程度可以通过褐变强度和多酚氧化酶的活性两个指标来反映。褐变的强度是用测定酶提取液在 410 nm 下的吸光度来表示,吸光度越大,说明褐变强度越大,褐变越严重;吸光度降低,说明褐变强度弱。

二、实验试剂与仪器

1. 试剂

(1)邻苯二酚、抗坏血酸、L-半胱氨酸、柠檬酸、草酸、磷酸二氢钠、磷酸氢二钠、磷酸二氢钾、乙酸、乙酸钠、氢氧化钠、氯化钾,试剂均为分析纯,水为蒸馏水或与其纯度相当的水。

(2)0.1 mol/L pH=6.5 的磷酸缓冲液的配制

1)0.1 mol/L NaH_2PO_4 溶液:称取 $NaH_2PO_4 \cdot 2H_2O$ 15.6 g(或 $NaH_2PO_4 \cdot H_2O$ 13.8 g),用重蒸水定容至 1 000 mL。

2)0.1 mol/L Na_2HPO_4 溶液:称取 $Na_2HPO_4 \cdot 12H_2O$ 35.8 g(或 $Na_2HPO_4 \cdot 7H_2O$ 26.8 g 或 $Na_2HPO_4 \cdot 2H_2O$ 17.8 g),用重蒸水定容至 1 000 mL。

3)0.1 mol/L pH=6.5 的磷酸钠缓冲溶液:取 68.5 mL 0.1 mol/L NaH_2PO_4 和 31.5 mL 0.1 mol/L Na_2HPO_4,充分混合即为 0.1 mol/L pH=6.5 的磷酸钠缓冲溶液。

(3)0.2 mol/L 邻苯二酚溶液:称取 22.00 g 邻苯二酚,用重蒸水定容至 1 000 mL。

2. 主要仪器

分光光度计、电子分析天平、研钵、恒温水浴锅、智能酸度计、容量瓶、冷冻离心机等。

3. 试样

苹果。

三、实验方案提示

(一)试样处理

粗酶液的制备:苹果经去皮、去核后,称取 10.00 g,切块,加入预冷的 10 mL 磷酸缓冲液,研磨后,在 4 ℃下 7 500 r/min 离心 30 min,沉淀经磷酸缓冲液重悬后再次离心,所得上清液用磷酸缓冲液定容至 100 mL,即为酶的粗提液,低温保存备用。

(二)褐变强度的测定

将苹果粗提液在 25 ℃下保温 5 min,测定 410 nm 下的吸光度表示产品的褐变指数,其值越大,说明褐变越严重。测量时用蒸馏水作为空白。

(三)PPO 活性的测定

将 2 mL 粗酶液、2 mL 0.1 mol/L pH=6.5 磷酸缓冲液和 8 mL 0.2% 邻苯二酚于 25 ℃保温 10 min,然后于 410 nm 处测定吸光度值来表示 PPO 的相对活性。

(四)pH 值变化对 PPO 酶活的影响

配制一系列不同 pH 值的 0.1 mol/L 磷酸缓冲液(pH 值为 3.0、4.0、5.0、6.0、7.0、8.0、9.0),按照 PPO 活性的测定方法测定 PPO 酶活性。

(五)温度对 PPO 酶活的影响

按照 PPO 活性的方法取样,分别于 10 ~ 90 ℃范围内的不同温度梯度下(10 ℃、20 ℃、30 ℃、40 ℃、50 ℃、60 ℃、70 ℃、80 ℃、90 ℃)保温 10 min,然后于 410 nm 处测定 PPO 活性。

(六)化学抑制剂对 PPO 酶活的影响

将 2 mL 粗酶液、2 mL 0.1 mol/L pH=6.5 磷酸缓冲液和 8 mL 0.2% 邻苯二酚于 25 ℃保温 10 min。然后分别加入柠檬酸、草酸、亚硫酸钠、抗坏血酸、氯化钠、蔗糖、聚乙烯聚吡咯烷酮和 EDTA-2Na,添加浓度为 0.5‰,于 410 nm 处测定 PPO 活性。

四、预期结果

通过研究 pH 值、温度、化学抑制剂对 PPO 酶活性的影响,找出酶活最高的 pH 值、温度、化学抑制剂,控制加工条件在酶活最低的范围,即可有效控制果蔬加工过程中的酶促褐变,保证产品的质量。

五、注意事项

1. 酶液提取时,应加入预冷过的缓冲溶液,防止研磨温度过高导致酶失活。
2. 每次测定前务必洗净比色杯,否则影响测定结果。

⇨ 思考题

阐述加入柠檬酸、草酸、亚硫酸钠、维生素 C、聚乙烯聚吡咯烷酮和 EDTA-2Na 对酶促褐变的控制机制?

实验五　果蔬中过氧化氢酶活性的测定

过氧化氢酶(CAT)属于血红蛋白酶,含有铁,它能催化 H_2O_2 分解为水和分子氧(图 5.3),据此,可根据 H_2O_2 的消耗量或 O_2 的生成量测定该酶活力大小。本实验介绍高锰酸钾滴定法和紫外吸收法。

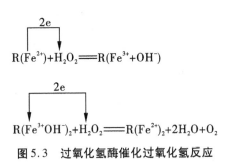

图 5.3　过氧化氢酶催化过氧化氢反应

方法一　高锰酸钾滴定法

一、实验原理

在反应系统中加入一定量(反应过量)的 H_2O_2 溶液,用 $KMnO_4$ 标准溶液(在酸性条件下)滴定多余的 H_2O_2,即可求出消耗的 H_2O_2 的量。

$$5H_2O_2+2KMnO_4+4H_2SO_4 \longrightarrow 5O_2+2KHSO_4+8H_2O+2MnSO_4$$

二、实验试剂与仪器

1. 试剂

(1)10% H_2SO_4、0.2 mol/L 磷酸缓冲液(pH=7.8)。

(2)0.1 mol/L $KMnO_4$ 标准溶液:称取 $KMnO_4$ 3.160 5 g,用新煮沸冷却蒸馏水配制成 1 000 mL,用基准草酸钠标定。此溶液临用前需重新标定。

(3)0.1 mol/L H_2O_2 溶液:取 30% H_2O_2 溶液 5.68 mL,稀释至 1 000 mL。

2. 主要仪器

电子天平、研钵、三角瓶、酸式滴定管、恒温水浴锅、容量瓶等。

3. 试样

水果或蔬菜。

三、实验步骤

1. 称取试样 3～5 g,加入 pH=7.8 的磷酸缓冲溶液少量,研磨成匀浆,转移至 25 mL 容量瓶中,用该缓冲液冲洗研钵数次,并将冲洗液转入容量瓶中,定容。然后在 4 000 r/min 离心 15 min,上清液即为 CAT 粗提液。

2. 取 50 mL 三角瓶 4 个(两个测定,两个对照),测定瓶中加入粗提酶液 2.5 mL,对照瓶中加入失活粗提酶液 2.5 mL,再加入 0.1 mol/L H_2O_2 2.5 mL,同时计时,于 30 ℃恒温水浴中保温 10 min,立即加入 10% H_2SO_4 2.5 mL。

3. 用 0.1 mol/L $KMnO_4$ 标准溶液滴定至出现粉红色(在 30 min 内不消失)为终点。

四、结果计算

酶活性用每克鲜样 1 min 内分解 H_2O_2 的毫克数表示,按式(5.4)计算酶活。

$$CAT\ 活性(mg/gFW \cdot min) = \frac{(A - B) \times V_T \times 1.7}{FW \times V_1 \times t} \tag{5.4}$$

式中:A——对照 $KMnO_4$ 滴定量,mL;

  B——酶反应后 $KMnO_4$ 滴定量,mL;

  V_T——提取酶液总量,mL;

  V_1——反应所用酶液量,mL;

  FW——样品鲜重,g;

  t——反应时间,min;

  1.7——1 mL 0.1 mol/L $KMnO_4$ 相当于 1.7 mg H_2O_2。

方法二　紫外吸收法

一、实验原理

H_2O_2 在 240 nm 波长下有强烈吸收峰,CAT 可分解 H_2O_2,使反应溶液 A_{240} 随反应时间而降低。根据测量 A_{240} 的变化速度即可测出 CAT 的活性。

二、实验试剂与仪器

1. 试剂

0.2 mol/L 磷酸缓冲液(pH=7.8,内含 1% PVP)、0.1 mol/L H_2O_2。

2. 主要仪器

紫外分光光度计、电子天平、离心机、研钵、容量瓶、刻度吸管、试管、恒温水浴锅等。

3. 材料

水果或蔬菜。

三、操作步骤

1. 称取试样 1.00 g,加入 2~3 mL 4 ℃下预冷的磷酸缓冲液研磨成匀浆后,转入 25 mL 容量瓶中,用该缓冲液冲洗研钵数次,并将冲洗液转入容量瓶中,定容,然后将溶液转入 50 mL 的离心管中,在 4 000 r/min 下离心 15 min,上清液即为 CAT 粗提液。

2. 取 10 mL 试管 3 支,其中 2 支为样品测定管,1 支为空白管。分别向 2 支样品测定管中加入 0.2 mL 粗提酶液,空白管不加。然后分别向 3 支管中依次各加入磷酸缓冲液 1.5 mL 和 1.0 mL 蒸馏水。25 ℃预热后,逐管加入 0.1 mol/L H_2O_2 0.3 mL,每加完一管立即计时,并迅速倒入石英比色杯中,240 nm 下测定吸光度,每隔 1 min 读数 1 次,共测 4 min,按式(5.5)计算酶活性。

四、结果计算

以 1 min 内 A_{240} 减少 0.1 的酶量为 1 个酶活单位(U)。

$$CAT\ 活性(U/gFW \cdot min) = \frac{\Delta A_{240} \times V_T}{0.1 \times V_1 \times t \times FW} \tag{5.5}$$

式中: $\Delta A_{240} = A_{S_0} - \dfrac{(A_{S_1} + A_{S_2})}{2}$

　　A_{S_0}——加入煮死酶液的对照管吸光值;

　　A_{S_1}, A_{S_2}——样品管吸光值;

　　V_T——粗酶提取液总体积,mL;

　　V_1——测定用粗酶液体积,mL;

　　FW——样品鲜重,g;

　　0.1——A_{240} 下降 0.1 为 1 个酶活单位,U;

　　t ——加 H_2O_2 到最后一次读数时间,min。

⇨ 思考题

1. 影响过氧化氢酶活性测定的因素有哪些?
2. 过氧化氢酶与哪些生化过程有关?

实验六 果蔬中苯丙氨酸解氨酶活性的测定

一、实验原理

苯丙氨酸解氨酶(PAL)催化苯丙氨酸的脱氨反应,使 NH_3 释放出来形成肉桂酸。根据其产物反式肉桂酸在 290 nm 处吸光度的变化来测定该酶的活性。

二、实验试剂与仪器

1. 试剂

0.1 mol/L 硼酸缓冲液(pH=8.7)、0.02 mol/L L-苯丙氨酸溶液(用 0.1 mol/L pH=8.7 硼酸缓冲液配制)、5 mol/L 盐酸溶液。

2. 主要仪器

电子天平、紫外分光光度计、离心机、研钵、刻度吸管、试管、恒温水浴锅、冰箱等。

3. 试样

茭白或萝卜、竹笋、枇杷等。

三、操作步骤

(一)酶液提取

称取 0.50 g 左右的样品于研钵中,加 10 mL 预冷的 0.1 mol/L 硼酸缓冲液(分次加入)、少量石英砂,在冰浴条件下研磨匀浆,于冰箱中放置 30 min 后,用四层纱布过滤,滤液转入离心管中在 4 000 r/min 速度下离心 15 min,上清液即为粗提酶液。可设计其他缓冲液来提取酶液,研究 pH 值对酶活性的影响。

(二)酶活性测定

取 0.5 mL 粗提酶液,加入硼酸缓冲液 2 mL 和 L-苯丙氨酸溶液 1 mL(对照用硼酸缓冲液代替),混匀后在 30 ℃ 水浴中保温 30 min,加 5 mol/L HCl 溶液 0.25 mL 终止反应,在 290 nm 处测定其吸光度值。以每 30 min 变化 0.01 为一个酶活性单位(U)。

四、注意事项

1. 若实验材料易褐变,则酶液提取时要添加如聚乙烯吡咯烷酮(PVP)等进行防褐变处理。

2. 提取酶液时在冰浴下操作,提取的粗酶液置于冰浴中保存备用。

⇨ 思考题

1. 影响苯丙氨酸解氨酶提取及活性测定的因素有哪些?

2. 测定苯丙氨酸解氨酶有何意义?

第 *6* 章
食品中色素的检测

实验一　面粉白度的测定

一、实验原理

R457 白度又称蓝反白度,是国内面粉行业普遍使用的白度表示方法。R457 白度仪采用近似的 A 光源照明,面粉白度反映在短波蓝区部分最为灵敏,其总体有效光谱灵敏度曲线的峰值波长在 457 nm 处。

二、实验试剂与仪器

1. 试剂

无水乙醇,分析纯。

2. 主要仪器

WSB-IV 型 R457 智能白度测定仪,主要由光学测定系统、显示器和打印系统等组成。

3. 试样

小麦粉。

三、实验步骤

1. 接通电源,开机预热 30 min。

2. 压下压紧器,将黑筒放入试样口。调节调零钮,使数据显示"-0.0"或"0.0"。

3. 取下黑筒,放入工作白板,调节校准按钮,使数值显示值为该工作白板背面所标出的白度值(如 80.3)。

4. 重复上述两步操作至数值显示值不变,即调整结束,如有变化须反复调整,直至不变为止。

5. 粉样样品的制作:取样品盒放入毛玻璃旋紧压盖,将待测试样倒入样品盒中,刮去多余部分,使样品表面平整。放上压块,旋上压粉器,旋转把手,至听见"嗒嗒"的响声即认为样品已经压实;旋出压粉器,取出压块,用小扳手将底盖旋上(不用旋紧,盖上即可),翻转样品盒,旋下压盖,移出毛玻璃,粉样样品即制备完毕。

6. 将制作好的粉样压块放入仪器试样口下,此时显示的数值即为该样品的白度值。按打印键,可将该结果在打印纸上打印出来。

四、结果

打印格式为"××R457×××",其中前两位是序号,后三位为测定的白度值。

五、注意事项

1. 仪器使用环境应干净,制作粉样样品时,应避免粉样洒在仪器附近。

2. 工作白板表面要求保持清洁,防止划伤,如表面有污迹,可用干净的脱脂棉蘸无水乙醇擦洗,用电吹风吹干,严禁用手或粗糙材料擦摸白板工作面。

3.轴流风机经 3～6 个月工作后,需要加油润滑。

⇨ 思考题

1. 工作白板的作用是什么?
2. 为什么要使样品盒中的样品表面平整?

实验二 柑橘皮色泽的测定

一、实验原理

不同成熟度柑橘有不同色泽,利用 TC-P Ⅱ G 全自动测色色差计,采用 CIE 规定的 0/d 光谱条件、标准的照明体 D65、A、C 及 10°视场色匹配函数下的三刺激值,测定柑橘的反射色。

二、实验试样与仪器

1. 主要仪器

TC-P Ⅱ G 全自动测色色差计。

2. 试样

不同成熟度的柑橘三种。

三、实验步骤

(一)样品制备

在柑橘皮上用小刀划出一个直径大于 25 mm 的圆形样品,然后用滤纸把样品上的汁吸干,以免测色时污染仪器。把三种柑橘样品标号为 1 号、2 号、3 号,留待测色用。

(二)色差计的使用

(1)开机。连接电源,按下 POWER 开关,指示灯亮,表明仪器已有电源输入,同时 ZERO 开关灯闪烁。

(2)预热仪器。通电后要预热一小时,使光源和光电探测器稳定。预热时,必须将探测器放在工作白板上(注意不能放标准白板,否则标准值改变,测色不准)。

(3)测定准备。在仪器预热的同时,可做以下测定准备工作:① 将标准白板的 X_{10}、Y_{10}、Z_{10} 值与数码器设定值核对无误;② 放好打印纸,注意纸的正反方向,否则打印不出数值。

(4)调零。经预热 1 h 后,开始调零。测反射色时,将探测器部分放在黑筒上,几秒钟后按 ZERO 开关,约 1 s 后,ZERO 开关灯由闪烁到灯灭,此时 ACC 灯闪烁,表示调零结束,数据自动输入到微机系统(若测透射色,调零时,将不透光纸板或胶皮放在固定架中,其余步骤同上)。

(5)调标准白板。将探测器部分放在标准白板上,按 ACC 开关,一会儿灯灭,而 MEASU 灯闪烁,此时调标准白板完成,数据自动输入微机系统。(测反射色时,数码器中 X、Y、Z 设定值应和标准白板给出的 X_{10}、Y_{10}、Z_{10} 一致;测透射色时,数码器中 X、Y、Z 设定如下:$X=94.83$,$Y=100.00$,$Z=107.381$)。

(三)样品的测色实验

(1)将标准白板放在探测器部件下,几秒钟后,按 MEASU 开关,灯固定发光,几秒后,打印机开始工作,并打出 STANDARD(标准)标号及标准白板的颜色参量值,打印机工作结束后灯灭。

（2）取下标准白板,将待测样品 1 号放好,几秒后,按 MEASU 开关,此时指示灯亮,一会儿打印机就打出编号 No.001 的第一个待测样品的各个参量值,2 号、3 号重复该步骤即可。

（3）关机。当一批样品测色结束后,关上 POWER 开关,指示灯灭,切断电源,收好标准白板、工作白板、黑筒等,待仪器冷却到室温,盖上黑布罩。

四、结果

打出编号 No.001、No.002、No.003 的各个待测样品的各个参量值,即为柑橘样品标号为 1 号、2 号、3 号的色泽。

五、注意事项

1. 预热时必须把探测器放在工作白板上,而不能放标准白板,否则必将使标准值改变,提高测量误差。

2. 当测粉末样品时(如淀粉),必须把样品装在样品盒中填满,并且表面要刮平,否则,因表面凹凸不平,将使测量值不准。也可用于测定液体样品的色泽稳定性。

3. 当样品量多时,为了使测量值准确,使用半小时后,要求重新调零,调标准白板。

4. 由于 TC-PⅡG 全自动测色色差计是精密、贵重的仪器,使用时,要十分注意环境的清洁,不要让仪器或部件粘上污物。

⇨ 思考题

1. TC-PⅡG 全自动测色色差计的先进性表现在哪些方面?

2. 测色时白度、黄度、变黄度如何表示,其数值大小表示什么?

实验三　番茄中番茄红素的提取及含量测定

一、实验原理

采用溶剂浸提法从试样中提取番茄红素,由于番茄红素标准品价格昂贵,且见光易分解,而苏丹Ⅰ号与番茄红素有类似的特征吸收峰,故用苏丹Ⅰ号代替番茄红素标准品绘制标准曲线,通过可见分光光度法测定试样中番茄红素的含量。

二、实验试剂与仪器

1.试剂

饱和氯化钠溶液、无水硫酸钠、丙酮、苏丹Ⅰ号标准品,均为分析纯。

2.主要仪器

组织粉碎机、721可见分光光度计、电子分析天平、电热恒温水浴锅、容量瓶、圆底烧瓶、分液漏斗、三角漏斗。

3.试样

新鲜番茄。

三、实验步骤

1.标准曲线绘制。准确称量10.0 mg苏丹Ⅰ号标准品,用丙酮溶解并定容至100 mL,标准溶液浓度为0.1 mg/mL,吸取0.0 mL、2.0 mL、4.0 mL、6.0 mL、8.0 mL、10.0 mL分别注入100 mL的容量瓶中,均用丙酮定容至刻度,充分混合,相当于0.0 μg/mL、2.0 μg/mL、4.0 μg/mL、6.0 μg/mL、8.0 μg/mL、10.0 μg/mL的番茄红素,以丙酮作为空白,用1 cm比色皿在485 nm下测定吸光度。以吸光度为纵坐标,以 μg/mL番茄红素含量为横坐标,绘制标准曲线。

2.原料处理与色素提取。新鲜番茄浆的制备。将新鲜番茄洗净,置于沸水中2~3 min,脱去西红柿皮,切成小块用捣碎机捣碎,得到番茄浆。

称取新鲜番茄浆10.00 g于100 mL圆底烧瓶中,加丙酮30 mL,摇匀,装上回流冷凝管,在65 ℃水浴上加热回流5 min,趁热抽滤,将溶液倾出,残渣留在瓶内,加入30 mL丙酮,水浴上加热回流5 min,冷却,将上层溶液倾出抽滤,固体仍保留在烧瓶内,再加入30 mL丙酮重复萃取一次。合并三次丙酮提取液,倒入分液漏斗中,加5 mL饱和氯化钠溶液(有利分层),振摇,静置分层。分出橙红色有机相,使其流经一个在颈部塞有疏松棉花且在棉花上铺一层1 cm厚的无水硫酸钠的三角漏斗,以除去微量水分。将此溶液转移至100 mL容量瓶中,用丙酮定容至刻度,得丙酮萃取液。

3.测定。以丙酮作为空白,用1 cm比色皿在485 nm下测定丙酮萃取液的吸光度。根据测定丙酮萃取液的吸光度,在标准曲线上查出丙酮萃取液的番茄红素含量R μg/mL。

四、结果计算

$$X = \frac{R}{M} \times 100$$

(6.1)

式中：X——新鲜番茄浆中番茄红素含量，mg/kg；

　　　R——在标准曲线上查出丙酮萃取液的番茄红素含量，μg/mL；

　　　m——新鲜番茄浆的质量，g。

五、注意事项

测定丙酮萃取液的吸光度如果大于 0.8，则需要用丙酮稀释，结果计算需要考虑稀释倍数。

⇨ 思考题

1. 为什么可以用苏丹Ⅰ号代替番茄红素标准品？

2. 如何提高测定结果的准确性？

实验四　食品中总胡萝卜素含量的测定

一、实验原理

样品通过石油醚-丙酮(2∶1)混合液萃取,使之与非类胡萝卜素成分分离,在451 nm波长下测定萃取溶液的消光值(吸光度),可以计算出食品中总胡萝卜素的含量。

二、实验试剂与仪器

1. 试剂

石油醚、丙酮、无水硫酸钠、石英砂、饱和氯化钠溶液,试剂均为分析纯。

2. 仪器

可见分光光度计、分液漏斗(150 mL)、容量瓶(50 mL)、研钵、铁架台、漏斗、铁圈。

3. 材料

胡萝卜、菠菜、油菜等。

三、实验步骤

1. 样品处理。称取5.00 g已捣碎混匀的样品置于研钵内,加石油醚、丙酮(2∶1)混合溶液10 mL,石英砂少量,研磨提取,然后将提取液过滤至100 mL三角瓶中。如此反复提取残渣3~4次,并过滤,直到提取液无色。将几次滤液从100 mL三角瓶移至150 mL梨形分液漏斗中,并用水洗涤石油醚层(如果出现乳化时,加饱和NaCl溶液3~5 mL)剧烈振荡,待液相分层后,弃去下层水相,重复2~3次,将大约1 g无水硫酸钠装入分液漏斗中过滤转移至50 mL容量瓶中,以石油醚、丙酮(2∶1)混合溶液定容,摇匀。置暗处供比色用。

2. 测定。用1 cm比色皿以石油醚、丙酮(2∶1)混合溶液作空白,在451 nm波长处测定消光值E。

四、结果计算

以β-胡萝卜素含量计(μg/100 g),按式(6.2)计算。

$$总胡萝卜素(\mu g/100\ g) = \frac{E \times V \times 100 \times 1\ 000 \times 1\ 000}{E_1 \times W \times 100}$$

$$= \frac{E \times 50 \times 100 \times 1\ 000 \times 1\ 000}{2\ 500 \times W \times 100} \times 20\ 000 \qquad (6.2)$$

式中:E——样品在451 nm波长下消光值;

　　　E_1——1%β-胡萝卜素石油醚溶液在451 nm波长下的消光值,即2 500;

　　　V——样品中总胡萝卜素石油醚提取液定容体积,mL;

　　　W——样品质量,g。

五、注意事项

植物性样品中,胡萝卜素常与黄酮类物质、叶绿素等有色物质共存,黄酮类物质极性稍大。叶绿素易在强碱性溶液中被降解,采用适当的分离方法可使胡萝卜素与干扰物分离。

➡ **思考题**

　　1. 如何提高测定结果的准确性?

　　2. 如何分离干扰物?

实验五　绿色蔬菜的护绿和叶绿素含量的测定

绿色果蔬的加工和储藏中都会引起叶绿素不同程度的变化,叶绿素是极其不稳定的色素,目前尚无非常有效的控制方法,常用的护色方法有稀碱处理、烫漂、灭酶、排除组织中的氧、防止氧化、加入 Cu^{2+}、Fe^{2+}、Zn^{2+} 等离子、添加叶绿素铜钠、低温、冷冻干燥脱水、低温、避光储藏等。

一、实验原理

叶绿素的分子结构是由四个吡咯环组成的一个卟啉环,此外还有一个叶绿醇的侧键,由于分子具有共轭结构,因此可吸收光能。叶绿素是脂类化合物,所以它可溶于丙酮、石油醚、己烷等有机溶剂,用有机溶剂提取的叶绿素可在一定波长下测定叶绿素溶液的吸光度,利用 Arnon 公式计算叶绿素含量。

二、实验试剂与仪器

1. 试剂

丙酮、碳酸钙、硫酸铜、硫酸锌、硫酸亚铁、亚硫酸钠,试剂均为分析纯。

2. 主要仪器

分光光度计、电子天平、容量瓶、研钵、漏斗、滴管、滤纸、试管架等。

3. 试样

绿色蔬菜叶片。

三、实验方案提示

(一)叶绿素提取及含量测定

准确称取 1.00 g 青菜样品于研钵中,加入少许碳酸钙(约 0.5 g),充分研磨成匀浆,加入丙酮研磨后倒入 100 mL 容量瓶中,然后用丙酮分几次洗涤研钵并倒入容量瓶中,用丙酮定容至 100 mL。充分振摇后,用滤纸过滤。

取滤液分别于 645 nm、663 nm 和 652 nm 波长下,以丙酮调整零点,以 1 cm 比色皿测定其光密度。溶液的浓度应使测出的光密度在 0.2 ~ 0.7 范围内为最佳,当试样溶液的光密度大于 0.7 时,可用丙酮稀释到适当浓度,然后测定,记录测定数据。

(二)叶绿素在酸碱介质中稳定性实验

分别取 5 mL 叶绿素提取滤液,分别滴加 0.5 mL 0.1 mol/L HCl、蒸馏水和 0.1 mol/L NaOH 溶液,观察提取液的颜色变化情况,并用 90% 丙酮调整零点,以 1 cm 比色皿 652 nm 波长下测定其吸光度。

(三)护绿试验

取 10 mL 叶绿素提取滤液 5 份于干净的试管中,其中一份加入 1 mL 蒸馏水、一份加入 1 mL 0.1 mol/L 亚硫酸钠溶液、一份加入 1 mL 0.1 mol/L 硫酸锌溶液、一份加入 1 mL 0.1 mol/L 硫酸铜溶液、一份加入 1 mL 0.1 mol/L 硫酸亚铁溶液。在 60 ℃ 水浴中保温

1 h,取出,冷却至室温,用 90% 丙酮调整零点,以 1 cm 比色皿 652 nm 波长下测定其光密度。

四、结果计算

按照 Arnon 公式(6.3)、公式(6.4)、公式(6.5)分别计算青菜组织中叶绿素 a、叶绿素 b 和总叶绿素含量。

$$X_a = (12.7 \times D_{663\,nm} - 2.69 \times D_{645\,nm}) \times \frac{V}{1\,000\,m} \qquad (6.3)$$

$$X_b = (22.9 \times D_{645\,nm} - 4.68 \times D_{663\,nm}) \times \frac{V}{1\,000\,m} \qquad (6.4)$$

$$X = (20.0 \times D_{645\,nm} + 8.02 \times D_{663\,nm}) \times \frac{V}{1\,000\,m} \qquad (6.5)$$

如果只测定总叶绿素含量可测定 652 nm 波长下的光密度,按照式(6.6)计算。

$$X = \frac{D_{652\,nm}}{34.5} \times \frac{V}{1\,000\,m} \qquad (6.6)$$

式中:X_a——叶绿素 a 含量,mg/g 鲜重;

X_b——叶绿素 b 含量,mg/g 鲜重;

X——叶绿素总含量,mg/g 鲜重;

m——样品质量,g;

V——叶绿素滤液最终体积,mL。

五、注意事项

1. 所计算出的叶绿素含量单位为 mg/g 鲜重。这一单位有时太小,使用不方便,可乘于 1 000 倍,变为 μg/g 鲜重为单位。

2. 叶绿素提取及含量测定中,1 g 青菜样品含水量极高,可视作 1 mL 水,用丙酮定容至 100 mL,其丙酮含量大约为 99%,可以 99% 丙酮或丙酮调整零点。

3. 在护绿试样中,最终的丙酮液浓度大约为 90%,因加入的 1 mL 溶液可视作 1 mL 水,因此用 90% 丙酮调整零点。

⇨ **思考题**

1. 测定叶绿素含量实验中,使用分光光度计应注意哪些问题?

2. 叶绿素在酸碱介质中稳定性如何?

3. 根据护绿实验测定结果比较护绿效果。

4. 试说明日常生活中炒青菜时,若加水熬煮时间过长,或加锅盖或加醋,所炒青菜容易变黄的原因? 你认为应该如何才能炒出一盘保持鲜绿可口的青菜?

实验六　红曲色素色价的测定

一、实验原理

通过测定1%试样溶液在特定波长处,用 1 cm 比色皿测定其吸光度,表示该色素的色价。

二、实验试剂与仪器

1. 试剂

70%的乙醇溶液。

2. 主要仪器

可见光分光光度计,附 1 cm 比色皿。

3. 试样

红曲红。

三、实验步骤

准确称取红曲红试样 100.0 mg 于 50 mL 烧杯中,用 70% 乙醇溶液或水搅拌溶解,将其移入 1 000 mL 容量瓶中,用 70% 乙醇溶液或水洗涤数次,使之完全转移,定容至刻度,摇匀,静置 15 min(必要时可过滤)。

取此液置于 1 cm 比色皿,于(495±10)nm 处测定吸光度。试样溶液的浓度应使测出的吸光度在 0.2 ~ 0.7 范围内为最佳,当试样溶液的吸光度大于 0.7 时,可用 70% 乙醇溶液或水将溶液稀释到适当的浓度,然后测定。

四、结果计算

$$E_{1\,cm}^{1\%} = \frac{E \times n}{m} \times \frac{1}{100} \tag{6.7}$$

式中:E——分光光度计的读数;

　　m——试样的质量,g;

　　n——稀释倍数。

五、注意事项

1. 稀释倍数按照色价的概念,试样稀释定容的体积进行计算。

2. 两次平行测定结果之差不大于 2%,取其算术平均值为测定结果(精确到小数点后一位)。

3. 生产工艺中以乙醇溶液为提取剂的用 70% 乙醇溶液作为溶剂测定,以水为提取剂的用水作为溶剂测定。

➡ **思考题**

1. 如何理解色价的概念？测出的吸光度应该控制在 0.2 ~ 0.7 范围内,而红曲红的色价大于 60,如何理解？

2. 如何提高测定结果的准确性？

实验七　紫甘薯色素(花青素)的提取及含量测定

一、实验原理

　　紫甘薯红色素主要成分是由花青素形成糖苷后的酰基化衍生物,紫甘薯红色素为水溶性天然色素,采取酸性溶剂法,常用的提取剂有乙酸、盐酸、硫酸、甲酸、柠檬酸、酸化乙醇等。紫甘薯花青素和苋菜红的最大吸收波长都是 525 nm,可用合成苋菜红为基准物来绘制标准曲线,用分光光度法测定试样中紫甘薯花青素含量。

二、实验试剂与仪器

　　1. 试剂

　　苋菜红标准品、柠檬酸,均为分析纯。

　　2. 主要仪器

　　721 可见分光光度计、电子分析天平、电热恒温水浴锅、研钵、圆底烧瓶等。

　　3. 试样

　　新鲜紫甘薯。

三、实验步骤

　　1. 标准曲线绘制。准确称取干燥至恒重的 50.0 mg 苋菜红标准品,用蒸馏水溶解并定容至 100 mL,标准溶液浓度为 0.5 mg/mL,吸取 0.0 mL、2.0 mL、4.0 mL、6.0 mL、8.0 mL、10.0 mL 分别注入 100 mL 的容量瓶中,均用蒸馏水定容至刻度,充分混合,它们分别相当于 0 μg/mL、10 μg/mL、20 μg/mL、30 μg/mL、40 μg/mL、50 μg/mL 的苋菜红,以蒸馏水作为空白,用1 cm比色皿在 525 nm 下测定吸光度。以吸光度为纵坐标,以 μg/mL 苋菜红含量为横坐标,绘制标准曲线。

　　2. 紫甘薯色素提取。准确称取洗净擦干的新鲜紫甘薯 2.50 g 样品置于研钵内,研碎,加入 1% 柠檬酸溶液 60 mL,将研碎的紫甘薯全部转入烧杯中,在 60 ℃ 水浴中保温0.5 h,将上清液过滤,滤液倒入 250 mL 容量瓶中;再加入 1% 柠檬酸溶液 60 mL 于烧杯中,在60 ℃水浴中保温0.5 h,将上清液过滤,滤液倒入 250 mL 容量瓶中,重复一次;将滤渣全部转入过滤漏斗中,用 1% 柠檬酸溶液洗涤滤纸及残渣,滤液倒入 250 mL 容量瓶中,用 1% 柠檬酸溶液定容至刻度。

　　3. 测定。以 1% 柠檬酸溶液作为空白,用 1 cm 比色皿在 525 nm 下测定紫甘薯花青素提取液的吸光度。根据测定紫甘薯花青素提取液的吸光度,在标准曲线上查出紫甘薯花青素含量 R(μg/mL)。

四、结果计算

$$X = \frac{R}{M} \times 250 \qquad\qquad (6.8)$$

式中:X——新鲜紫甘薯中的花青素含量,mg/kg;

R——在标准曲线上查出萃取液的紫甘薯花青素含量,μg/mL;

M——新鲜紫甘薯的质量,g。

五、注意事项

测定紫甘薯花青素提取液的吸光度如果大于 0.8,则需要用 1% 柠檬酸溶液稀释,结果计算需要考虑稀释倍数。

⇨ **思考题**

1. 为什么可以用苋菜红代替紫甘薯花青素标准品?
2. 如何提高测定结果的准确性?

实验八　食品中合成着色剂的测定

方法一　高效液相色谱法

一、实验原理

食品中人工合成着色剂用聚酰胺吸附法或液-液分配法提取,制成水溶液,注入高效液相色谱仪,经反相色谱分离,根据保留时间定性和与峰面积比较进行定量。

二、实验试剂与仪器

1. 试剂

正己烷、盐酸、乙酸、无水乙醇、甲醇(经 0.5 μm 滤膜过滤)、聚酰胺粉(尼龙 6,过 200 目筛)、饱和硫酸钠溶液、硫酸钠溶液(2 g/L),试剂均为分析纯。

0.02 mol/L 乙酸铵溶液:称取 1.54 g 乙酸铵,加水至 1 000 mL,溶解,经 0.45 μm 滤膜过滤。

氨水:量取氨水 2 mL,加水至 100 mL,混匀。

0.02 mol/L 氨水-乙酸铵溶液:量取氨水 0.5 mL,加乙酸铵溶液(0.02 mol/L)至 1 000 mL,混匀。

甲醇-甲酸溶液:量取甲醇 60 mL,甲酸 40 mL,混匀。

柠檬酸溶液:称取 20 g 柠檬酸($C_6H_8O_7 \cdot H_2O$),加水定容至 100 mL,溶解混匀。

无水乙醇-氨水-水溶液:量取无水乙醇 70 mL,氨水 20 mL,水 10 mL,混匀。

5% 三正辛胺正丁醇溶液:量取三正辛胺 5 mL,加正丁醇至 100 mL,混匀。

pH=6 的水:无离子水加柠檬酸溶液调 pH 值为 6。

合成着色剂标准溶液:准确称取按其纯度折算为 100% 质量的柠檬黄、日落黄、苋菜红、胭脂红、新红、赤藓红、亮蓝、靛蓝各 0.100 g,置于 100 mL 容量瓶中,加 pH=6 水到刻度,配成水溶液(1.00 mg/mL)。临用时上述溶液(或将合成着色剂标准溶液)加水稀释 20 倍,经 0.45 μm 滤膜过滤,配成每毫升相当于 50.0 μg 的合成着色剂。

2. 主要仪器

高效液相色谱仪,带紫外检测器,254 nm 波长。

3. 试样

橘子汁、果味水、果子露、汽水;配制酒类;硬糖、蜜饯类、淀粉软糖;巧克力豆及着色糖衣制品等。

三、实验步骤

(一)试样处理

(1)橘子汁、果味水、果子露、汽水等。称取 20.0 ~ 40.0 g,放入 100 mL 烧杯中,含二氧化碳试样加热驱除二氧化碳。

（2）配制酒类。称取 20.0 ~ 40.0 g,放入 100 mL 烧杯中,加小碎瓷片数片,加热驱除乙醇。

（3）硬糖、蜜饯类、淀粉软糖等。称取 5.00 ~ 10.00 g 粉碎试样,放入 100 mL 小烧杯中,加水 30 mL,温热溶解,若试样溶液 pH 值较高,用柠檬酸溶液调 pH 值到 6 左右。

（4）巧克力豆及着色糖衣制品。称取 5.00 ~ 10.00 g,放入 100 mL 小烧杯中,用水反复洗涤色素,到试样无色素为止,合并色素漂洗液为试样溶液。

（二）色素提取

（1）聚酰胺吸附法。试样溶液加柠檬酸溶液调 pH 值到 6,加热至 60 ℃,将 1.00 g 聚酰胺粉加少许水调成粥状,倒入试样溶液中,搅拌片刻,以 G3 垂融漏斗抽滤,用 60 ℃ pH = 4 的水洗涤 3 ~ 5 次,然后用甲醇–甲酸混合溶液洗涤 3 ~ 5 次(含赤藓红的试样用液–液分配法处理),再用水洗至中性,用乙醇–氨水–水混合溶液解吸 3 ~ 5 次,每次 5 mL,收集解吸液,加乙酸中和,蒸发至近干,加水溶解,定容至 5 mL。经 0.45 μm 滤膜过滤,取 10 μL,进高效液相色谱仪。

（2）液–液分配法(适用于含赤藓红的试样)。将制备好的试样溶液放入分液漏斗中,加 2 mL 盐酸、5% 三正辛胺正丁醇溶液 10 ~ 20 mL,振摇提取,分取有机相,重复提取至有机相无色,合并有机相,用饱和硫酸钠溶液洗 2 次,每次 10 mL,分取有机相,放蒸发皿中,水浴加热浓缩至 10 mL,转移至分液漏斗中,加 60 mL 正己烷,混匀,加氨水提取2 ~ 3 次,每次 5 mL,合并氨水溶液层(含水溶性酸性色素),用正己烷洗 2 次,氨水层加乙酸调成中性,水浴加热蒸发至近干,加水定容至 5 mL。经滤膜 0.45 μm 过滤,取 10 μL 进高效液相色谱仪。

（三）高效液相色谱参考条件

YWG–C_{18}10 μm 不锈钢柱 4.6 mm(i. d)×250 mm。流动相为甲醇:乙酸铵溶液(pH = 4,0.02 mol/L)。梯度洗脱时甲醇 20% ~ 35% ,3%/min;35% ~ 98% ,9%/min;98% 继续6 min。流速 1 mL/min。紫外检测器:254 nm 波长。

（四）测定

取相同体积样液和合成着色剂标准液分别注入高效液相色谱仪,根据保留时间定性,外标峰面积法定量。

四、结果计算

$$X = \frac{A \times 1\ 000}{m \times \dfrac{V_2}{V_1} \times 1\ 000 \times 1\ 000} \tag{6.9}$$

式中:X——试样中着色剂的含量,g/kg;

A——样液中着色剂的质量,μg;

V_2——进样体积,mL;

V_1——试样稀释总体积,mL;

m——试样质量,g。

计算结果保留两位有效数字。

五、注意事项

在重复性条件下获得的两次独立测定结果的绝对差值不得超过算术平均值的 10%。

⇨ 思考题

无离子水加柠檬酸溶液调 pH 值为 6 的目的是什么？

方法二 薄层色谱法

一、实验原理

水溶性酸性合成着色剂在酸性条件下被聚酰胺吸附,而在碱性条件下解吸附,再用纸色谱法或薄层色谱法进行分离后,与标准比较定性、定量。最低检出量为 50 μg。点样量为 1 μL 时,检出浓度约为 50 mg/kg。

二、实验试剂与仪器

1. 试剂

石油醚(沸程 60~90 ℃)、甲醇、聚酰胺粉(尼龙 6,200 目)、硅胶 G、10% 硫酸,试剂均为分析纯。

甲醇–甲酸溶液(6:4),50 g/L 氢氧化钠溶液,50% 乙醇,10% 盐酸,200 g/L 柠檬酸溶液,100 g/L 钨酸钠溶液。

海砂:先用盐酸(1:10)煮沸 15 min,用水洗至中性,再用氢氧化钠溶液(50 g/L)煮沸 15 min,用水洗至中性,再于 105 ℃ 干燥,储于具玻璃塞的瓶中,备用。

乙醇–氨溶液:取 1 mL 氨水,加乙醇(70%)至 100 mL。

20% 柠檬酸溶液调节至 pH=6 的水。

碎瓷片:先用 10% 盐酸煮沸 15 min,用水洗至中性,再用氢氧化钠溶液(50 g/L)煮沸 15 min,用水洗至中性,再于 105 ℃ 干燥,储于具玻璃塞的瓶中,备用。

展开剂如下:

正丁醇–无水乙醇–氨水(1%)(6:2:3):供纸色谱用。

正丁醇–吡啶–氨水(1%)(6:3:4):供纸色谱用。

甲乙酮–丙酮–水(7:3:3):供纸色谱用。

甲醇–乙二胺–氨水(10:3:2):供薄层色谱用。

甲醇–氨水–乙醇(5:1:10):供薄层色谱用。

柠檬酸钠溶液(25 g/L)–氨水–乙醇(8:1:2):供薄层色谱用。

合成着色剂标准溶液:准确称取按其纯度折算为 100% 质量的柠檬黄、日落黄、苋菜红、胭脂红、新红、赤藓红、亮蓝、靛蓝各 0.100 g,置于 100 mL 容量瓶中,加 pH=6 水到刻度,配成水溶液(1.00 mg/mL)。临用时吸取色素标准溶液各 5.0 mL,分别置于 50 mL 容量瓶中,加 pH=6 的水稀释至刻度。此溶液每毫升相当于 0.10 mg 着色剂。

2. 主要仪器

可见分光光度计,微量注射器或血色素吸管,展开槽(25 cm×6 cm×4 cm),层析缸,滤纸,薄层板(5 cm×20 cm),电吹风机,水泵。

3. 试样

果味水、果子露、汽水;配制酒类;硬糖、蜜饯类、淀粉软糖;奶糖;蛋糕类。

三、实验步骤

(一)试样处理

(1)果味水、果子露、汽水。称取 50.00 g 试样于 100 mL 烧杯中。汽水需加热驱除二氧化碳。

(2)配制酒类。称取 100.00 g 试样于 100 mL 烧杯中。加碎瓷片数块,加热驱除乙醇。

(3)硬糖、蜜饯类、淀粉软糖。称取 5.00 g 或 10.00 g 粉碎的试样,加 30 mL 水,温热溶解,若样液 pH 值较高,用柠檬酸溶液(200 g/L)调至 pH=4 左右。

(4)奶糖。称取 10.00 g 粉碎均匀的试样,加 30 mL 乙醇-氨溶液溶解,置于水浴上浓缩至约 20 mL,立即用 10% 硫酸溶液调至微酸性,再加 1.0 mL 10% 硫酸,加 1 mL 钨酸钠溶液(100 g/L),使蛋白质沉淀,过滤,用少量水洗涤,收集滤液。

(5)蛋糕类。称取 10.00 g 粉碎均匀的试样,加海砂少许,混匀,用热风吹干用品(用手摸已干燥即可),加入 30 mL 石油醚搅拌。放置片刻,倾出石油醚,如此重复处理 3 次,以除去脂肪,吹干后研细,全部倒入 G3 垂融漏斗或普通漏斗中,用乙醇-氨溶液提取色素,直至着色剂全部提完,置于水浴上浓缩至约 20 mL,立即用 10% 硫酸溶液调至微酸性,再加 1.0 mL 10% 硫酸,加 1 mL 钨酸钠溶液(100 g/L),使蛋白质沉淀,过滤,用少量水洗涤,收集滤液。

(二)吸附分离

将处理后所得的溶液加热至 70 ℃,加入 0.50~1.00 g 聚酰胺粉充分搅拌,用柠檬酸溶液(200 g/L)调 pH 值至 4,使着色剂完全被吸附,如溶液还有颜色,可以再加一些聚酰胺粉。将吸附着色剂的聚酰胺全部转入 G3 垂融漏斗中过滤(如用 G3 垂融漏斗过滤可以用水泵慢慢地抽滤)。用 pH=4 70 ℃ 水反复洗涤,每次 20 mL,边洗边搅拌,若含有天然着色剂,再用甲醇-甲酸溶液洗涤 1~3 次,每次 20 mL,至洗液无色为止。再用 70 ℃ 水多次洗涤至流出的溶液为中性。洗涤过程中应充分搅拌。然后用乙醇-氨溶液分次解吸全部着色剂,收集全部解吸液,于水浴上驱氨。如果为单色,则用水准确稀释至 50 mL,用分光光度法进行测定。如果为多种着色剂混合液,则进行纸色谱或薄层色谱法分离后测定,即将上述溶液置于水浴上浓缩至 2 mL,后移入 5 mL 容量瓶中,用 50% 乙醇洗涤容器,洗液并入容量瓶中并稀释至刻度。

(三)定性

1. 纸色谱。取色谱用纸,在距底边 2 cm 的起始线上分别点 3~10 μL 试样溶液、1~2 μL 着色剂标准溶液,挂于分别盛有正丁醇-无水乙醇-氨水(1%)(6∶2∶3)、正丁醇-吡啶-氨水(1%)(6∶3∶4)的展开剂的层析缸中,用上行法展开,待溶剂前沿展至 15 cm 处,将滤纸取出于空气中晾干,与标准斑比较定性。

也可取 0.5 mL 样液,在起始线上从左到右点成条状,纸的左边点着色剂标准溶液,依法展开,晾干后先定性后再供定量用。靛蓝在碱性条件下易褪色,可用甲乙酮-丙酮-水(7:3:3)展开剂。

2. 薄层色谱

(1)薄层板的制备。称取 1.60 g 聚酰胺粉、0.40 g 可溶性淀粉及 2.00 g 硅胶 G,置于合适的研钵中,加 15 mL 水研匀后,立即置于涂布器中铺成厚度为 0.3 mm 的板。在室温晾干后,于 80 ℃干燥 1 h,置于干燥器中备用。

(2)点样。离板底边 2 cm 处将 0.5 mL 样液从左到右点成与底边平行的条状,板的左边点 2 μL 色素标准溶液。

(3)展开。苋菜红与胭脂红用甲醇-乙二胺-氨水(10:3:2)展开剂,靛蓝与亮蓝用甲醇-氨水-乙醇(5:1:10)展开剂,柠檬黄与其他着色剂用柠檬酸钠溶液(25 g/L)-氨水-乙醇(8:1:2)展开剂。取适量展开剂倒入展开槽中,将薄层板放入展开,待着色剂明显分开后取出,晾干,与标准斑比较,如 R_f 相同即为同一色素。

(四)定量

(1)试样测定。将纸色谱的条状色斑剪下,用少量热水洗涤数次,洗液移入 10 mL 比色管中,并加水稀释至刻度,作比色测定用。将薄层色谱的条状色斑包括有扩散的部分,分别用刮刀刮下,移入漏斗中,用乙醇-氨溶液解吸着色剂,少量反复多次至解吸液于蒸发皿中,于水浴上挥去氨,移入 10 mL 比色管中,加水至刻度,作比色用。

(2)标准曲线制备。分别吸取 0 mL、0.5 mL、1.0 mL、2.0 mL、3.0 mL、4.0 mL 的胭脂红、苋菜红、柠檬黄、日落黄色素标准使用溶液,或 0 mL、0.2 mL、0.4 mL、0.6 mL、0.8 mL、1.0 mL 亮蓝、靛蓝色素标准使用溶液,分别置于 10 mL 比色管中,各加水稀释至刻度。上述试样与标准管分别用 1 cm 比色杯,以零管调节零点,于一定波长下(胭脂红 510 nm,苋菜红 520 nm,柠檬黄 430 nm,日落黄 482 nm,亮蓝 627 nm,靛蓝 620 nm),测定吸光度,分别绘制标准曲线比较或与标准系列目测比较。

四、结果计算

$$X = \frac{A \times 1\ 000}{m \times \dfrac{V_2}{V_1} \times 1\ 000}$$ (6.10)

式中:X——试样中着色剂的含量,g/kg;

A——测定用样液中色素的质量,mg;

m——试样质量或体积,g 或 mL;

V_1——试样解吸后总体积,mL;

V_2——样液点板(纸)体积,mL。

计算结果保留两位有效数字。

五、注意事项

纸色谱展开时,为避免靛蓝在碱性条件下褪色,可选用甲乙酮-丙酮-水展开剂。

➡ 思考题

薄层色谱法中的点样展开操作应该注意什么问题?

实验九　面粉中过氧化苯甲酰的测定

一、实验原理

小麦粉中的过氧化苯甲酰在酸性条件下被还原,生成苯甲酸,以溶剂提取并用气相色谱法测定。

二、实验试剂与仪器

1. 试剂

乙醚、盐酸(1∶1)、还原铁粉、5% 氯化钠溶液、碳酸氢钠、丙酮、石油醚(沸程 60 ~ 90 ℃)、石油醚-乙醚(3∶1)、苯甲酸(基准试剂),所有试剂均为分析纯。

1% 碳酸氢钠的 5% 氯化钠溶液:1 g 碳酸氢钠溶于 100 mL 5% 氯化钠溶液中。

苯甲酸标准储备溶液:准确称取苯甲酸 0.100 0 g,用丙酮溶解并转移至 100 mL 容量瓶中定容。此溶液浓度为 1 mg/mL。

苯甲酸标准应用液:吸取苯甲酸标准储备溶液 10.00 mL 于 100 mL 容量瓶中,以丙酮稀释并定容,此溶液浓度为 100 μg/mL。

2. 主要仪器

气相色谱仪(附有氢火焰离子化检测器)、微量注射器、电子分析天平、具塞三角瓶、分液漏斗等。

3. 材料

市售面粉。

三、实验步骤

1. 样品前处理

(1)准确称取试样 5.00 g 于具塞三角瓶中,加入 0.01 g 还原铁粉和 20 mL 乙醚混匀,逐滴加入 0.5 mL 盐酸摇动,用少量乙醚冲洗三角瓶内壁,放置 12 h 后摇匀,静置片刻,上清液过滤入分液漏斗中。用乙醚冲洗三角瓶内残渣、漏斗和滤纸,滤液合并于分液漏斗中。

(2)向分液漏斗中加入 5% 氯化钠溶液 30 mL,摇动 30 s 静置分层后,弃去下层水相,重复一次此操作。加入 1% 碳酸氢钠的 5% 氯化钠溶液 15 mL,摇动 2 min 静置分层后,将下层液体放入装有氯化钠的 50 mL 比色管中,重复一次此操作。加入 0.8 mL 盐酸(1∶1)摇动至无乙醚味为止。加入 5.00 mL 石油醚-乙醚(3∶1)混合溶液,充分振摇 1 min 静置分层,上层醚液即为待测液。

2. 制作工作曲线

准确吸取苯甲酸标准应用液 0 mL、1.0 mL、2.0 mL、3.0 mL、4.0 mL、5.0 mL 于 150 mL 具塞三角瓶中,除不加还原铁粉外,其他操作同样品前处理。用微量注射器分别取不同浓度的苯甲酸标准应用液 2.0 μL 注入气相色谱仪,以苯甲酸峰面积为纵坐标,苯甲酸浓度为横坐标绘制标准曲线。

3. 测定

（1）色谱条件：内径 3 mm、长 2 m 的玻璃柱,填装涂布 5%（质量比）DEGS+1% 磷酸固定液的 Chromosorb W/AW DMCS（60 ~ 80 目）。调节载气（N_2）流速,使苯甲酸于 5 ~ 10 min出峰。柱温为 180 ℃,检测器和进样口温度为 250 ℃。不同型号仪器调整为最佳工作条件。

（2）进样：以 10 μL 微量注射器吸取 2.0 μL 测定液,注入气相色谱仪,取试样的苯甲酸峰面积与标准曲线比较定量。

四、结果计算

试样中的过氧化苯甲酰含量按式（6.11）进行计算。

$$X = \frac{C \times V}{m \times 1\ 000} \times 0.992 \tag{6.11}$$

式中：X——试样中的过氧化苯甲酰含量,g/kg;

　　C——由标准曲线上查出的试样测定液中相当于苯甲酸溶液的浓度,μg/mL;

　　V——试样提取液的体积,mL;

　　m——试样质量,g;

　　0.992——由苯甲酸换算成过氧化苯甲酰的换算系数。

⇨ **思考题**

面粉增白剂的有效成分是什么？ 它是如何发挥增白作用的？

第 7 章

食品中维生素和矿物质的检测

实验一　食品中维生素 A 含量的测定

方法一　高效液相色谱法

一、实验原理

维生素 A 属于脂溶性维生素,是一类具有生物活性的不饱和烷烃,包括视黄醇(V_{A1})及其衍生物(图 7.1)。β-胡萝卜素(图 7.2)在体内可转变成维生素 A。

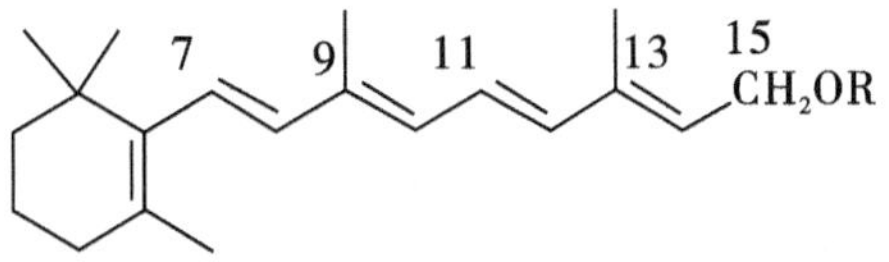

R=H,COCH₃,棕榈酸酯

图 7.1　维生素 A

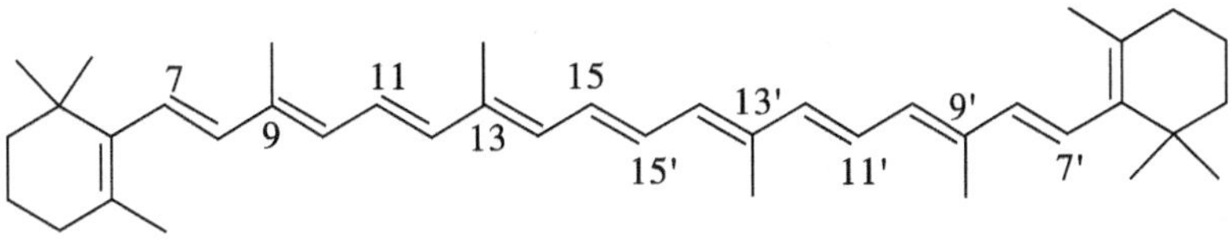

图 7.2　β-胡萝卜素

试样中的维生素 A 经皂化提取处理后,将其从不可皂化部分提取至有机溶剂中。用高效液相色谱 C_{18} 反相柱将维生素 A 分离,经紫外检测器检测,用内标法定量测定。

二、实验试剂与仪器

1. 试剂

无水乙醚(不含有过氧化物)、无水乙醇(不得含有醛类物质)、无水硫酸钠、甲醇(重蒸后使用)、50% 氢氧化钾溶液、100 g/L 氢氧化钠溶液、50 g/L 硝酸银溶液、重蒸水(水中加少量高锰酸钾,临用前蒸馏)、100 g/L 抗坏血酸溶液(临用前配制)、pH 1~14 试纸,试剂均为分析纯。

银氨溶液:加氨水至 50 g/L 的硝酸银溶液中,直至生成的沉淀重新溶解为止,再加 100 g/L 的氢氧化钠溶液数滴,如发生沉淀,再加氨水直至溶解。

维生素 A 标准液:视黄醇(纯度 85%)或视黄醇乙酸酯(纯度 90%)经皂化处理后使用。用脱醛乙醇溶解维生素 A 标准品,使其浓度大约为 1 mL,相当于 1 mg 视黄醇。临用前用紫外分光光度法标定其准确浓度。

内标溶液:称取苯并[e]芘(纯度 98%),用脱醛乙醇配制成每 1 mL 相当于 10 mg 苯并[e]芘的内标溶液。

2. 主要仪器

旋转蒸发器、高速离心机、小离心管(具塑料盖 1.5~3.0 mL 塑料离心管)、高纯氮气、恒温水浴锅、紫外分光光度计、高效液相色谱仪[带紫外分光检测器,色谱条件为预柱 ultrasphere ODS 10 mm,ϕ4 mm × 45 mm,分析柱 ultrasphere ODS 5 mm,ϕ4.6 mm × 250 mm,流动相为甲醇和水(98∶2),临用前脱气,紫外检测器波长 300 nm,量程 0.02,进样量 20 mL,流速 1.7 mL/min]。

3. 试样

胡萝卜。

三、实验步骤

(一)试样处理

(1)皂化。准确称取 1.00~10.00 g 试样(含维生素 A 约 3 mg)于皂化瓶中,加 30 mL 无水乙醇,进行搅拌,直到颗粒物分散均匀为止。加 5 mL 10% 抗坏血酸,苯并[e]芘标准液 2.00 mL,混匀,加 10 mL 50% 氢氧化钾混匀。于沸水浴回流 30 min,使皂化完全。皂化后立即放入冰水中冷却。

(2)提取。将皂化后的试样移入分液漏斗中,用 50 mL 水分 2~3 次洗皂化瓶,洗液并入分液漏斗中。用约 100 mL 乙醚分两次洗皂化瓶及其残渣,乙醚液并入分液漏斗中。如有残渣,可将此液通过有少许脱脂棉的漏斗滤入分液漏斗。轻轻振摇分液漏斗 2 min,静置分层,弃去水层。

(3)洗涤。用约 50 mL 水洗分液漏斗中的乙醚层,用 pH 试纸检验直至水层不显碱性(最初水洗轻摇,逐次振摇强度可增加)。

(4)浓缩。将乙醚提取液经过无水硫酸钠(约 5 g)滤入与旋转蒸发器配套的 250~300 mL 球形蒸发瓶内,用约 100 mL 乙醚冲洗分液漏斗及无水硫酸钠 3 次,并入蒸发瓶内,并将其接至旋转蒸发器上,于 55 ℃ 水浴中减压蒸馏并回收乙醚,待瓶中剩下约 2 mL 乙醚时,取下蒸发瓶,立即用氮气吹掉乙醚。立即加入 2.00 mL 乙醇,充分混合,溶解提取物。

将乙醇液移入一小塑料离心管中,离心 5 min(5 000 r/min)。上清液供色谱分析。如果试样中维生素含量过少,可用氮气将乙醇液吹干后,再用乙醇重新定容,并记下体积比。

(二)标准曲线的制备

1.维生素 A 标准浓度的标定。取维生素 A 标准液若干微升,分别稀释至 3.00 mL 乙醇中,测定 325 nm 处维生素 A 的吸光值。用比吸光系数计算出维生素 A 的浓度。测定条件如表 7.1 所示。

表 7.1　维生素 A 标准溶液的测定条件

标准	加入标准溶液的量 V/μL	比吸光系数 E 1% 1 cm	波长 λ/nm
视黄醇	10.00	1 835	325

浓度按式(7.1)计算:

$$C_1 = \frac{A}{E} \times \frac{1}{100} \times \frac{3.00}{V \times 10^{-3}} \tag{7.1}$$

式中:C_1——维生素 A 质量浓度,g/L;

　A——维生素 A 的平均紫外吸光值;

　E——维生素 A 1% 比吸光系数;

　V——加入标准液的量,mL;

　$\dfrac{3.00}{V \times 10^{-3}}$——标准溶液稀释倍数。

2.标准曲线的制备(采用内标法定量)。把一定量的维生素 A 和内标苯并[e]芘溶液混合均匀。选择合适的灵敏度,使上述物质的各峰高约为满量程的 70% ,为高浓度点。高浓度的 1/2 为低浓度点(其内标苯并[e]芘的浓度值不变),用此种浓度的混合标准进行色谱分析,结果见色谱图(图7.3),维生素 A 标准曲线绘制是以维生素 A 峰面积与内标物峰面积之比为纵坐标,维生素 A 浓度为横坐标绘制,或计算直线回归方程。如有微处理机装置,则按仪器说明用两点内标法进行定量。

3.试样分析。取试样浓缩液 20 mL,待绘制出色谱图及色谱参数后,再进行定性和定量。

(1)定性。用标准物色谱峰的保留时间定性。

(2)定量。根据色谱图求出某种维生素峰面积与内标物峰面积的比值,以此值在标准曲线上查到其含量。或用回归方程求出其含量。

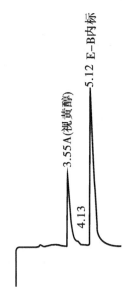

图 7.3　维生素 A 液相色谱图

四、结果计算

$$X = \frac{c}{m} \times V \times \frac{100}{1\,000} \tag{7.2}$$

式中:X——维生素 A 的含量,mg/100 g;

　c——由标准曲线上查到维生素 A 含量,mg/mL;

　V——试样浓缩定容体积,mL;

　m——试样质量,g。

计算结果保留三位有效数字,在重复性条件下获得的两次独立测定结果的绝对差值不得超过算术平均值的 10% 。

五、注意事项

1.无水乙醚中不含有过氧化物的检查方法是用 5 mL 乙醚加 1 mL 10% 碘化钾溶液,振摇 1 min,如有过氧化物则放出游离碘,水层呈黄色或加 4 滴 0.5% 淀粉溶液,水层呈蓝色。该乙醚需处理后使用。去除过氧化物的方法是重蒸乙醚时,瓶中放入纯铁丝或铁末少许。弃去 10%初馏液和 10%残馏液。

2. 无水乙醇中不含有醛类物质的检查方法是取 2 mL 银氨溶液于试管中,加入少量乙醇,摇匀,再加入氢氧化钠溶液,加热,放置冷却后,若有银镜反应则表示乙醇中有醛。

脱醛方法:取 2 g 硝酸银溶于少量水中。取 4 g 氢氧化钠溶于温乙醇中。将两者倾入 1 L 乙醇中,振摇后,放置暗处两天(不时摇动,促进反应),经过滤,置于蒸馏瓶中蒸馏,弃去初蒸出的 50 mL。当乙醇中含醛较多时,硝酸银用量适当增加。

3. 实验操作应在微弱光线下进行,或用棕色玻璃仪器,避免维生素 A 被破坏。

方法二　比色法

一、实验原理

维生素 A 是脂溶性维生素,在氯仿溶液中可与三氯化锑作用,生成不稳定的蓝色物质,称为 Carr-Price 反应(图 7.4)。该蓝色物质溶液在 620 nm 处有一最高吸收峰,且蓝色物质溶液的深浅与维生素 A 的含量成正比。因此利用比色法可测知样品中维生素 A 的含量。

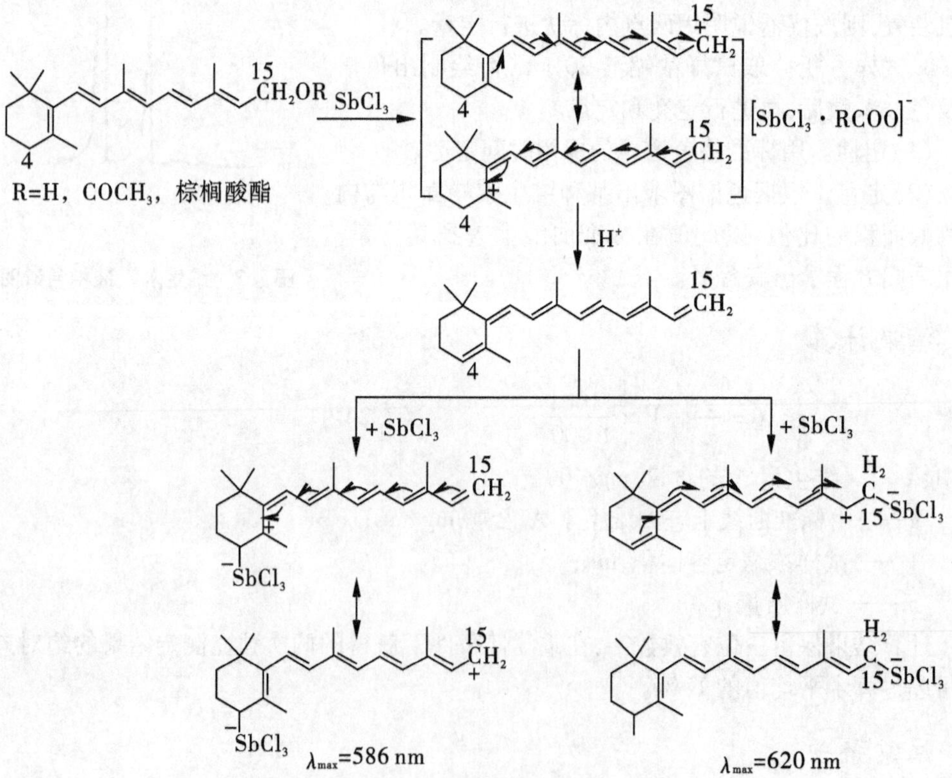

图 7.4　维生素 A 与三氯化锑的显色反应

二、实验试剂与仪器

1.试剂

无水硫酸钠、乙酸酐、乙醚、无水乙醇、氢氧化钾溶液(1∶1)、三氯甲烷(应不含分解物,否则会破坏维生素 A)、酚酞指示剂(10 g/L)用 95% 乙醇配制,试剂均为分析纯。

250 g/L 三氯化锑–三氯甲烷溶液:用三氯甲烷配制三氯化锑溶液,储于棕色瓶中(注意勿使其吸收水分)。

维生素 A 或视黄醇乙酸酯标准液:视黄醇(纯度 85%)或视黄醇乙酸酯(纯度 90%)经皂化处理后使用。用脱醛乙醇溶解维生素 A 标准品,使其浓度大约为 1 mL,相当于 1 mg视黄醇。临用前用紫外分光光度法标定其准确浓度。

维生素 A 标准浓度的标定:取维生素 A 标准液若干微升,分别稀释至 3.00 mL 乙醇中,测定 325 nm 处维生素 A 的吸光值。用比吸光系数计算出维生素 A 的浓度。测定条件如表 7.1 所示。浓度按式(7.1)计算。

2.主要仪器

分析天平、电热板、回流冷凝装置、恒温水浴锅、紫外分光光度计等。

3.试样

胡萝卜。

三、实验步骤

(一)试样处理

1.皂化法。适用于维生素 A 含量不高的试样,可减少脂溶性物质的干扰,但全部实验过程费时,且易导致维生素 A 损失。

(1)皂化。根据试样中维生素 A 含量的不同,准确称取 0.5~5 g 试样于三角瓶中,加入 10 mL 氢氧化钾(1∶1)及 20~40 mL 乙醇,于电热板上回流 30 min 至皂化完全为止。

(2)提取。将皂化瓶内混合物移至分液漏斗中,以 30 mL 水洗皂化瓶,洗液并入分液漏斗。如有渣子,可用脱脂棉漏斗滤入分液漏斗内。用 50 mL 乙醚分两次洗皂化瓶,洗液并入分液漏斗中。振摇并注意放气,静置分层后,水层放入第二个分液漏斗内。皂化瓶再用约 30 mL 乙醚分两次冲洗,洗液倾入第二个分液漏斗中。振摇后,静置分层,水层放入三角瓶中,醚层与第一个分液漏斗合并。重复至水液中无维生素 A 为止。

(3)洗涤。用约 30 mL 水加入第一个分液漏斗中,轻轻振摇,静置片刻后,放去水层。加 15~20 mL 0.5 mol/L 氢氧化钾溶液于分液漏斗中,轻轻振摇后,弃去下层碱液,除去醚溶性酸皂。继续用水洗涤,每次用水约 30 mL,直至洗涤液与酚酞指示剂呈无色为止(大约 3 次)。醚层液静置 10~20 min,小心放出析出的水。

(4)浓缩。将醚层液经过无水硫酸钠滤入三角瓶中,再用约 25 mL 乙醚冲洗分液漏斗和硫酸钠两次,洗液并入三角瓶内。置于水浴上蒸馏,回收乙醚。待瓶中剩约 5 mL 乙醚时取下,用减压抽气法至干,立即加入一定量的三氯甲烷使溶液中维生素 A 含量在适宜浓度范围内。

2.研磨法。适用于每克试样维生素 A 含量 5~10 μg 试样的测定,如肝的分析,步骤简单,省时,结果准确。

(1)研磨。精确称 2.0~5.0 g 试样,放入盛有 3~5 倍试样质量的无水硫酸钠研钵中,研磨至试样中水分完全被吸收,并均质化。

(2)提取。小心地将全部均质化试样移入带盖的三角瓶内,准确加入 50~100 mL 乙醚。紧压盖子,用力振摇 2 min,使试样中维生素 A 溶于乙醚中。使其自行澄清(需 1~2 h),或离心澄清(因乙醚易挥发,气温高时应在冷水浴中操作。装乙醚的试剂瓶也应事先放入冷水浴中)。

(3)浓缩。取澄清的乙醚提取液 2~5 mL,放入比色管中,在 70~80 ℃水浴上抽气蒸干,立即加入 1 mL 三氯甲烷溶解残渣。

(二)测定

1. 标准曲线的制备。准确取一定量的维生素 A 标准液于 4~5 个容量瓶中,以三氯甲烷配制标准系列。再取相同数量比色管,顺次取 1 mL 三氯甲烷和标准系列使用液 1 mL,各管加入乙酸酐 1 滴,制成标准比色列。于 620 nm 波长处,以三氯甲烷调节吸光度至零点,将其标准比色列按顺序移入光路前,迅速加入 9 mL 三氯化锑-三氯甲烷溶液。于 6 s 内测定吸光度,以吸光度为纵坐标,维生素 A 含量为横坐标绘制标准曲线。

2. 试样测定。于一比色管中加入 10 mL 三氯甲烷,加入 1 滴乙酸酐为空白液。另一比色管中加入 1 mL 三氯甲烷,其余比色管中分别加入 1 mL 试样溶液及 1 滴乙酸酐。其余步骤同标准曲线的制备。

四、结果计算

$$X = \frac{c}{m} \times V \times \frac{100}{1\ 000} \qquad (7.3)$$

式中:X——维生素 A 的含量,mg/100 g;

c——由标准曲线上查到维生素 A 含量,μg/mL;

V——试样浓缩定容体积,mL;

m——试样质量,g。

计算结果保留三位有效数字,在重复性条件下获得的两次独立测定结果的绝对差值不得超过算术平均值的 10%。

五、注意事项

1. 三氯甲烷应不含分解物,否则会破坏维生素 A。检查是否含分解产物的方法是取少量三氯甲烷置于试管中加水少许振摇,使氯化氢溶到水层。加入几滴硝酸银溶液,如有白色沉淀即说明三氯甲烷中有分解产物,其处理方法是将试剂应先测验是否含有分解产物,如有,则应于分液漏斗中加水洗数次,加无水硫酸钠或氯化钙使之脱水,然后蒸馏。

2. 维生素 A 极易被光破坏,实验操作应在微弱光线下进行,或使用棕色玻璃仪器。

3. 乙醚为溶剂的萃取体系,易发生乳化现象。在提取、洗涤操作中,不要用力过猛,若发生乳化,可加几滴乙醇破乳。

4. 三氯化锑遇微量水分即可形成氯氧化锑(SbOCl),不再与维生素 A 起反应,因此本实验中所使用的仪器及试剂必须绝对干燥。为了吸收可能混入反应液中的微量水分,可向反应液中加 1 滴醋酸酐。另外,由于三氯化锑遇水生成白色沉淀,因此用过的仪器要用稀盐酸浸泡后再清洗。

5. 由于三氯化锑与维生素 A 所生成的蓝色物质很不稳定,通常在 6 s 后就分解,因此要求反应在比色管中进行,产生蓝色后立即在 6 s 内读取吸光度数值。

6. 如果样品中含 β-胡萝卜素(如奶粉、禽蛋等食品)干扰测定,可将浓缩蒸干的样品用正己烷溶解,以氧化铝为吸附剂,丙酮、乙烷混合液为洗脱剂进行柱层析分离。

7. 比色法除用三氯化锑做显色剂外,还可用三氟乙酸、三氯乙酸做显色剂。其中,三氟乙酸无遇水发生沉淀而使溶液混浊的缺点。

⇨ 思考题

1. 维生素 A 在加工过程中被破坏的途径有哪些?
2. 高效液相色谱法测定维生素 A 前,为什么要进行皂化处理?

实验二　维生素C含量的测定及在加工中的变化

维生素C又称抗坏血酸,是一种水溶性的维生素,是L-3-氧代苏己糖醛基酸内酯,有一个烯二醇基团,具有强还原性,并能离解出氢离子,生成脱氢产物,表现出一定的酸性。

维生素C非常不稳定,在食品加工中极易受温度、盐和糖的浓度、pH值、氧、酶、金属离子(Fe^{3+}和Cu^{2+})、水分活度等因素影响,发生降解而损失。

测定维生素C的常用方法有2,6-二氯靛酚滴定法、2,4-二硝基苯肼比色法、荧光法、高效液相色谱法等。2,6-二氯靛酚滴定法主要是测定还原型维生素C,操作简单,灵敏度较高,但样品中的其他还原性物质会干扰测定,使结果偏高,且对深色样品滴定终点不易辨别。2,4-二硝基苯肼比色法和荧光法测定的是总维生素C含量,准确度高,重现性好。

方法一　2,6-二氯靛酚滴定法

一、实验原理

还原型抗坏血酸可以还原染料2,6-二氯靛酚,该染料在酸性溶液中呈粉红色(在中性或碱性溶液中呈蓝色),被还原后颜色消失(图7.5)。还原型抗坏血酸(Vc)还原染料后,本身被氧化成脱氢抗坏血酸。用蓝色的碱性染料标准溶液,对含维生素C的酸性浸出液进行氧化还原滴定,染料被还原为无色,当到达滴定终点时,多余的染料在酸性介质中则表现为浅红色,由染料用量计算样品中还原型抗坏血酸的含量。

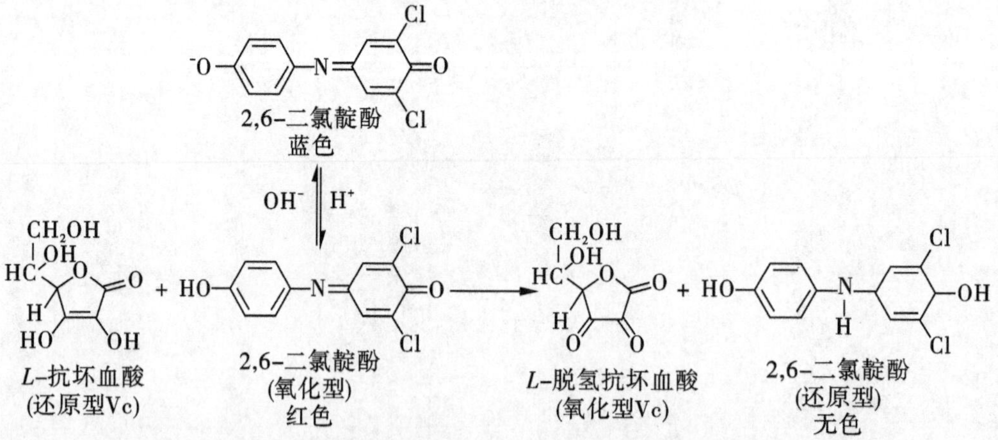

图7.5　还原型维生素C与2,6-二氯靛酚的反应

二、实验试剂与仪器

1.试剂

1%草酸溶液、2%草酸溶液、1%淀粉溶液(称1.00 g淀粉溶于100 mL水中,加热沸

腾,边加热边搅拌)、6%碘化钾溶液,试剂均为分析纯。

0.001 mol/L 碘酸钾标准溶液:准确称取干燥的碘酸钾 0.356 7 g,用水稀释至 100 mL,取出 1 mL,用水稀释至 100 mL。

抗坏血酸标准溶液:准确称取 20.0 mg 抗坏血酸,溶于 1% 草酸溶液,并稀释至 100 mL,置于冰箱保存。用时取出 5 mL,置于 50 mL 容量瓶中,用 1% 草酸定容,配成 0.02 mg/mL 的标准使用液。吸取抗坏血酸标准使用液 5 mL 于三角瓶中,加入 6% 的碘化钾溶液 0.5 mL,1% 淀粉溶液 3 滴,再以 0.001 mol/L 碘酸钾标准溶液滴定,终点为淡蓝色,按式(7.4)计算抗坏血酸标准溶液的质量浓度。

$$c = 0.088 \times (V_1/V_2) \qquad (7.4)$$

式中:c——抗坏血酸标准溶液的质量浓度,mg/mL;

V_1——滴定时消耗 0.001 mol/L 碘酸钾标准溶液的体积,mL;

V_2——滴定时所取抗坏血酸溶液的体积,mL;

0.088——1 mL,0.001 mol/L 碘酸钾标准溶液相当于抗坏血酸的量,mg/mL。

2,6-二氯靛酚溶液:称取碳酸氢钠 52.0 mg 溶解在 200 mL 热蒸馏水中,然后称取 2,6-二氯靛酚 50.0 mg 溶解在上述碳酸氢钠溶液中,冷却,置于冰箱中过夜。次日,过滤于 250 mL 棕色瓶中,定容,保存在冰箱中。每次使用前,用标准抗坏血酸标定。取 5 mL 抗坏血酸标准溶液,加入 1% 草酸溶液 5 mL,摇匀,用 2,6-二氯靛酚溶液滴定至溶液呈粉红色,在 15 s 内不褪色。

$$T = c \times (V_1/V_2) \qquad (7.5)$$

式中:T——每毫升染料溶液相当于抗坏血酸的毫克数,mg/mL;

c——抗坏血酸标准溶液的质量浓度,mg/mL;

V_1——抗坏血酸标准溶液的体积,mL;

V_2——消耗 2,6-二氯靛酚溶液的体积,mL。

2. 主要仪器

分析天平、研钵、容量瓶、滴定管、锥形瓶等。

3. 试样

柑橘、辣椒等果蔬。

三、实验步骤

(一)试样处理

准确称取试样 20.00 g,放入研钵中,加入 2% 草酸 5 mL,研磨,转入 100 mL 容量瓶,用 2% 草酸溶液 15 mL 清洗研钵,并转入容量瓶中,用 1% 草酸定容至刻度(若有泡沫可加入 2 滴正辛醇消去),混匀,放置 10 min 后过滤。若滤液有色,可按每克试样加 0.4 g 白陶土脱色后再过滤。

(二)滴定

吸取 20 mL 滤液放入 100 mL 锥形瓶中,用已标定过的 2,6-二氯靛酚溶液滴定,直至溶液呈粉红色 15 s 不褪色为止。用 20 mL 的草酸代替滤液做空白试验。

提取样液与空白对照各做三份平行试验。

四、结果计算

还原型维生素 C 含量按式(7.6)计算。

$$还原型维生素 C(mg/100\ g) = \frac{T \times (V - V_0) \times V_a}{V_s \times m} \times 100 \qquad (7.6)$$

式中:T——每毫升 2,6-二氯靛酚染料液相当于抗坏血酸的毫克数,mg/mL;

$\quad\ V$——滴定样液时消耗 2,6-二氯靛酚染料液的体积,mL;

$\quad\ V_0$——滴定空白时消耗 2,6-二氯靛酚染料液的体积,mL;

$\quad\ V_a$——配制试样提取液的总体积(此处为 100 mL);

$\quad\ V_s$——滴定时所取的试样提取液的体积(此处为 20 mL);

$\quad\ m$——被测试样的质量,g。

平行测定的结果,用算术平均值表示,取三位有效数字,含量低的保留小数点后两位。

平行测定结果的相对误差,在维生素 C 含量大于 20 mg/100 g 时,不得超过 2%,小于 20 mg/100 g 时,不得超过 5%。

五、注意事项

1. 本方法适用于水果、蔬菜及其加工过程中还原型维生素 C 含量的测定(不含二价铁、二价锡、二价铜、亚硫酸盐或硫代硫酸钠),不适用于深色样品。

2. 动物性样品,须用 10% 三氯醋酸代替草酸溶液提取。

方法二 2,4-二硝基苯肼比色法

一、实验原理

总抗坏血酸包括还原型、脱氢型和二酮古乐糖酸,样品中还原型抗坏血酸经活性炭氧化为脱氢抗坏血酸,然后与 2,4-二硝基苯肼作用生成红色的脎(图 7.6)。脎在浓硫酸的脱水作用下,可转变为橘红色的无水化合物(双-2,4-二硝基苯),在硫酸溶液中显色稳定,最大吸收波长为 500 nm,吸光度与总抗坏血酸含量成正比,故可进行比色测定。

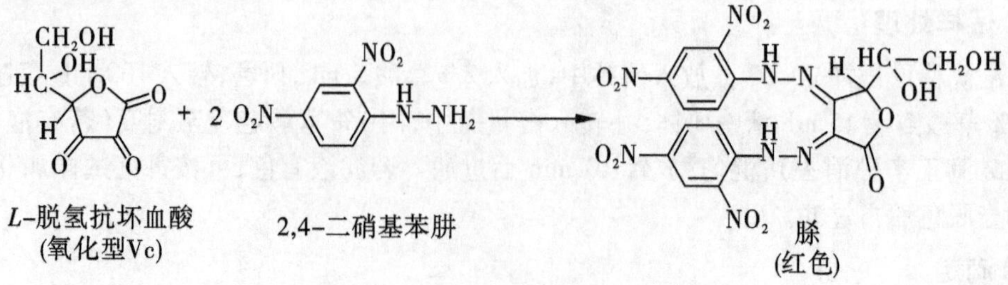

图 7.6 L-脱氢抗坏血酸的成脎反应

二、实验试剂与仪器

1. 试剂

（1）4.5 mol/L 硫酸：小心地加 250 mL 浓硫酸（相对密度 1.84）于 700 mL 水中，冷却后用水稀释至 1 000 mL。

（2）85% 硫酸：谨慎地加 900 mL 浓硫酸（相对密度 1.84）于 100 mL 水中。

（3）2,4-二硝基苯肼溶液（20 g/L）：溶解 2 g 2,4-二硝基苯肼于 100 mL 4.5 mol/L 硫酸中，过滤。不用时存于冰箱内，每次用前必须过滤。

（4）草酸溶液（2%）：溶解 20.00 g 草酸（$H_2C_2O_4$）于 700 mL 水中，定容至 1 000 mL。

（5）草酸溶液（1%）：取 500 mL 20 g/L 的草酸溶液定容至 1 000 mL。

（6）硫脲溶液（10 g/L）：溶解 5.00 g 硫脲于 500 mL 10 g/L 的草酸溶液中。

（7）硫脲溶液（20 g/L）：溶解 10.00 g 硫脲于 500 mL 10 g/L 的草酸溶液中。

（8）盐酸（1 mol/L）：取 100 mL 浓盐酸，加入水中，并稀释至 1 200 mL。

（9）抗坏血酸标准溶液：称取 100.0 mg 纯抗坏血酸溶解于 100 mL 20 g/L 的草酸溶液中，此溶液每毫升相当于 1 mg 抗坏血酸。

（10）活性炭：将 100.00 g 活性炭加到 750 mL 1 mol/L 盐酸中，回流 1～2 h，过滤，用水洗数次，至滤液中无铁离子（Fe^{3+}）为止，然后置于 110 ℃ 烘箱中烘干。检验铁离子的方法是利用普鲁士蓝反应，将 20 g/L 亚铁氰化钾与 1% 盐酸等量混合，将上述洗出滤液滴入，如有铁离子则产生蓝色沉淀。

2. 主要仪器

恒温箱、紫外可见分光光度计等。

3. 试样

柑橘、辣椒等。

三、实验步骤

（一）试样处理

准确称取试样 10.00～40.00 g（含 1～2 mg 抗坏血酸），放入研钵中，加入 2% 草酸 5 mL，研磨，转入 100 mL 容量瓶，用 2% 草酸溶液 15 mL 清洗研钵，并转入容量瓶中，用 1% 草酸定容至刻度（若有泡沫可加入 2 滴正辛醇消去），混匀，放置 10 min 后过滤。若滤液有色，可按每克样品加 0.40 g 白陶土脱色后再过滤。

（二）氧化处理

取 25 mL 上述滤液，加入 2.0 g 活性炭，振摇 1 min，过滤，弃去最初数毫升滤液。取 10 mL 此氧化提取液，加入 10 mL 20 g/L 硫脲溶液，混匀，此试样为稀释液。

（三）呈色反应

于 3 个试管中各加入 4 mL 上述稀释液。一个试管作为空白，在其余试管中加入 1.0 mL 20 g/L 2,4-二硝基苯肼溶液，将所有试管放入（37±0.5）℃ 恒温箱或水浴中，保温 3 h。3 h 后取出，除空白管外，将所有试管放入冰水中。空白管取出后使其冷却到室温，然后加入 1.0 mL 20 g/L 2,4-二硝基苯肼溶液，在室温中放置 10～15 min 后放入冰水内。其余步骤同试样。

(四)85%硫酸处理

当试管放入冰水后,向每一试管中加入 5 mL 85%硫酸,滴加时间至少需要 1 min,需边加边摇动试管。将试管自冰水中取出,在室温放置 30 min 后比色。

(五)比色

用 1 cm 比色皿,以空白液调零点,于 500 nm 波长测吸光度。

(六)标准曲线的绘制

(1)加 2.0 g 活性炭于 50 mL 抗坏血酸标准溶液中,振动 1 min,过滤。

(2)取 10 mL 滤液放入 500 mL 容量瓶中,加 5.0 g 硫脲,用 10 g/L 草酸溶液稀释至刻度,抗坏血酸浓度 20 μg/mL。

(3)分别取 5 mL、10 mL、20 mL、25 mL、40 mL、50 mL、60 mL 抗坏血酸稀释液,分别放入 7 个 100 mL 容量瓶中,用 10 g/L 硫脲溶液稀释至刻度,使最后稀释液中抗坏血酸的浓度分别为 1 μg/mL、2 μg/mL、4 μg/mL、5 μg/mL、8 μg/mL、10 μg/mL、12 μg/mL。

(4)按与试样显色反应和 85%硫酸处理相同的测定步骤形成脲并比色。

(5)以吸光值为纵坐标,抗坏血酸浓度(μg/mL)为横坐标绘制标准曲线。

四、结果计算

总维生素 C 含量按式(7.7)计算。

$$总维生素 C(mg/100\ g) = \frac{c \times V}{m} \times F \times \frac{100}{1\ 000} \tag{7.7}$$

式中:c——由标准曲线查得"试样氧化液"中总抗坏血酸的质量浓度,μg/mL;

V——试样用 10 g/L 草酸溶液定容的体积(此处为 100 mL);

F——试样氧化过程中的稀释倍数;

m——被测样品的质量,g。

计算结果保留小数点后两位。在重复性条件下获得的两次独立测定结果的绝对误差不超过算术平均值的 10%。

方法三　荧光比色法

一、实验原理

样品中还原型抗坏血酸经活性炭氧化成脱氢型抗坏血酸后,与邻苯二胺(OPDA)反应生成具有荧光的喹喔啉(图7.7),其荧光强度与脱氢抗坏血酸的浓度在一定条件下成正比,以此测定食物中抗坏血酸和脱氢抗坏血酸的总量。脱氢抗坏血酸与硼酸可形成复合物而不与 OPDA 反应,以此排除样品中荧光杂质所产生的干扰。

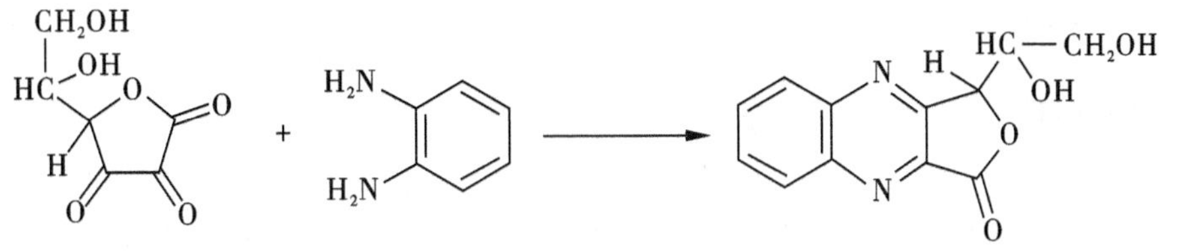

L-脱氢抗坏血酸
(氧化型Vc)　　　　邻苯二胺　　　　　　　　　　喹喔啉

图 7.7　L-脱氢抗坏血酸与邻苯二胺的反应

二、实验试剂与仪器

1. 试剂

（1）偏磷酸-乙酸液:称取 15.00 g 偏磷酸,加 40 mL 冰乙酸及 250 mL 水,加温,搅拌,使之逐渐溶解,冷却后加水至 500 mL。于 4 ℃冰箱可保存 7～10 天。

（2）0.15 mol/L 硫酸:取 10 mL 硫酸,小心加入水中,再加水稀释至 1 200 mL。

（3）偏磷酸-乙酸-硫酸溶液:以 0.15 mol/L 硫酸溶液为稀释液,其余同偏磷酸-乙酸溶液的配制。

（4）500 g/L 乙酸钠溶液:称取 500.00 g 乙酸钠（$CH_3COONa \cdot 3H_2O$）加水至 1 000 mL。

（5）硼酸-乙酸钠溶液:称取 3.00 g 硼酸,溶于 100 mL 500 g/L 乙酸钠溶液中,临用前配制。

（6）200 mg/L 邻苯二胺溶液:称取 20.0 mg 邻苯二胺,于临用前用水稀释至 100 mL。

（7）0.04% 百里酚蓝指示剂溶液:称取 0.10 g 百里酚蓝,加 0.02 mol/L 氢氧化钠溶液,在玻璃研钵中研磨至溶解,氢氧化钠的用量约为 10.75 mL,磨溶后用水稀释至 250 mL。变色范围 pH=1.2 红色;pH=2.8 黄色;pH>4.0 蓝色。

（8）活性炭的活化:加 200.00 g 炭粉于 1 L 盐酸(1:9)中,加热回流 1～2 h,过滤,用水洗至滤液中无铁离子为止,置于 110～120 ℃烘箱中干燥,备用。

（9）标准液的配制:

1）1 mg/mL 抗坏血酸标准溶液(临用前配制):准确称取 50.0 mg 抗坏血酸,用偏磷酸-乙酸溶液溶于 50 mL 容量瓶中,并稀释至刻度。

2）10 μg/mL 抗坏血酸标准使用液:取 1 mL 1 mg/mL 抗坏血酸标准液,用偏磷酸-乙酸溶液稀释至 100 mL,定容前测试 pH 值,如其 pH 值大于 2.2,则应用偏磷酸-乙酸-硫酸液稀释。

2. 主要仪器

荧光分光光度计或具有 350 nm 及 430 nm 波长的荧光计、组织捣碎机、烘干箱、研钵等。

3. 试样

柑橘、辣椒等。

三、实验步骤

(一)试样处理

称取 100.00 g 鲜样,加 100 mL 偏磷酸-乙酸溶液,倒入捣碎机内打成匀浆,用百里酚蓝指示剂调试匀浆酸碱度。如呈红色,即可用偏磷酸-乙酸溶液稀释,若呈黄色或蓝色,则用偏磷酸-乙酸-硫酸溶液稀释,使 pH 值为 1.2。匀浆的取量需根据样品中抗坏血酸的含量而定。当试样液含量在 40 ~ 100 μg/mL,一般取 20 g 匀浆,用偏磷酸-乙酸溶液稀释至 100 mL,过滤,滤液备用。

(二)试样测定

(1)氧化处理。分别取样品滤液及标准使用液各 100 mL 于 200 mL 带盖三角瓶中,加 2.00 g 活性炭,用力振摇 1 min,过滤,弃去最初数毫升滤液,分别收集其余全部滤液,即样品氧化液和标准氧化液,待测定。

(2)各取 10 mL 标准氧化液于 2 个 100 mL 容量瓶中,分别标明标准及标准空白。

(3)各取 10 mL 样品氧化液于 2 个 100 mL 容量瓶中,分别标明样品及样品空白。

(4)于标准空白及样品空白溶液中各加 5 mL 硼酸-乙酸钠溶液,混合摇动 15 min,用水稀释至 100 mL,在 4 ℃冰箱中放置 2 ~ 3 h,取出备用。

(5)于样品及标准溶液中各加入 5 mL 质量浓度为 500 g/L 的乙酸钠溶液,用水稀释至 100 mL,备用。

(三)标准曲线的绘制

取 10 mg/mL 的抗坏血酸溶液 0.5 mL、1.0 mL、1.5 mL 和 2.0 mL,取双份分别置于 10 mL 带盖试管中,再用水补充至 2.0 mL,荧光反应按下面步骤操作。

(四)荧光反应

取"标准空白"溶液、"样品空白"溶液及"样品"溶液各 2 mL,分别置于 10 mL 带盖试管中。在暗室中迅速向各管中加入 5 mL 邻苯二胺溶液,振摇混合,在室温下反应 35 min,于激发光波长 338 nm,发射光波长 420 nm 处测定荧光强度。标准系列荧光强度分别减去标准空白荧光强度为纵坐标,对应的抗坏血酸含量为横坐标,绘制标准曲线或进行相关计算,其直线回归方程供计算时使用。

四、结果计算

试样中总维生素 C 含量按式(7.8)计算。

$$总维生素 C(mg/100\ g) = \frac{c \times V}{m} \times F \times \frac{100}{1\ 000} \tag{7.8}$$

式中:c——由标准曲线查得"试样氧化液"中总抗坏血酸的质量浓度,mg/mL;

V——试样用 10 g/L 草酸溶液定容的体积(此处为 100 mL);

F——试样氧化过程中的稀释倍数;

m——被测试样的质量,g。

计算结果保留小数点后两位。在重复性条件下获得的两次独立测定结果的绝对误差不超过算术平均值的 10%。

设计实验　维生素 C 含量在加工中的变化

一、不同温度对样品维生素 C 含量的影响

将盛有 20 mL 含维生素 C 样品溶液的 100 mL 小烧杯在恒温水浴中加热,当温度(即温度计插在维生素 C 溶液中)分别达到 25 ℃、35 ℃、40 ℃、50 ℃、60 ℃、70 ℃、80 ℃、90 ℃、100 ℃时开始计时,恒温 30 min 后快速冷却,采用 2,6-二氯靛酚滴定法和 2,4-二硝基苯肼比色法分别测定不同温度下还原型维生素 C 和总维生素 C 的含量,每组做 3 次平行实验。

二、不同 pH 值对样品维生素 C 含量的影响

准确称取 1.0 g 维生素 C(分析纯),用不同 pH 值(2.0、4.0、6.0、8.0、10.0、12.0)的溶液,分别定容至 100 mL。量取 10 mL 维生素 C 溶液于 20 mL 试管中于 50 ℃水浴加热样品,每隔 0.5 h 检测还原型维生素 C 和总维生素 C 的含量,共测 2.5 h,每组做 3 次平行实验。

三、果胶酶对样品维生素 C 含量的影响

向盛有 20 mL 含维生素 C 样品溶液的 100 mL 小烧杯中加入 0.01 g 果胶酶,在 35 ℃的恒温水浴中加热 30 min 后快速冷却,采用 2,6-二氯靛酚滴定法和 2,4-二硝基苯肼比色法分别测定还原型维生素 C 和总维生素 C 的含量,做 3 次平行实验。

四、盐浓度对样品维生素 C 含量的影响

取 5 份 20 mL 维生素 C 样品溶液分别置于 5 个 100 mL 小烧杯中,分别向 5 个烧杯中加入 0.06 g、0.12 g、0.24 g、0.36 g、0.48 g 食盐,然后分别在 35 ℃的恒温水浴中加热 30 min 后快速冷却,采用 2,6-二氯靛酚滴定法和 2,4-二硝基苯肼比色法分别测定不同盐浓度下还原型维生素 C 和总维生素 C 的含量,每组做 3 次平行实验。

五、注意事项

1. 测定时整个过程要迅速,防止维生素 C 氧化。

2. 若测定动物性样品,需用 10% 三氯乙酸代替 2% 草酸溶液提取。

3. 若样品颜色较深,影响滴定终点观察,可加入白陶土脱色,再过滤。

4. 若样品中含有 Fe^{2+}、Cu^{2+}、Sn^{2+}、亚硫酸盐等还原型杂质时,会使还原型维生素 C 测定结果偏高。

5. 活性炭对维生素 C 的氧化作用,是基于其表面吸附的氧进行的界面反应,加入量过低,氧化不充分,测定结果偏低;加入量过高,对维生素 C 有吸附作用,结果也会偏低。实验结果证明,用 2 g 活性炭能使测定样品中还原型抗坏血酸完全氧化为脱氢型,其吸附影响不明显。

6. 大多数植物组织内含有一种能破坏抗坏血酸的氧化酶,因此,抗坏血酸的测定应

采用新鲜样品并尽快将样品制成匀浆以保存维生素C。

7.某些果胶含量高的样品不易过滤,可采用抽滤的方法,也可先离心,再取上清液过滤。

8.全部实验过程应避光。

思考题

1.在测定过程中,哪些因素会影响到维生素C的含量?

2.在食品加工和储藏过程中,如何避免维生素C的损失?

实验三　食品中钙含量的测定

目前用于食品中钙含量的测定方法主要有配位滴定法、高锰酸钾法、分光光度法、原子吸收分光光度法、离子选择电极法、电感耦合等离子光谱发射法等。其中，配位滴定法相对简单，用于常量分析较为准确；原子吸收法有灵敏度高、重现性好的特点，这两种方法被列为国标推荐方法。

方法一　原子吸收法

一、实验原理

当有辐射通过自由原子蒸气，且入射辐射的频率等于原子中的电子由基态跃迁到较高能态（一般情况下都是第一激发态）所需的能量频率时，原子就要从辐射场中吸收能量，产生共振吸收，电子由基态跃迁到激发态，同时伴随着原子吸收光谱的产生。钙原子测定吸收波长为 422.7 nm。含钙试样经湿消化后，加入原子吸收分光光度计中，经火焰原子化后，吸收 422.7 nm 的共振线，其吸收量与钙的含量成正比，与标准系列比较进行定量。

二、实验试剂与仪器

1. 试剂

浓盐酸、浓硝酸、高氯酸、混合酸消化液（硝酸：高氯酸 = 4：1）。

0.5 mol/L 硝酸溶液：量取 32 mL 硝酸，加去离子水并定容至 1 000 mL。

20 g/L 氧化镧溶液：称取 23.45 g 氧化镧（纯度大于 99.99%），先用少量水湿润，再加 75 mL 盐酸于 1 000 mL 容量瓶中，加去离子水定容至刻度。

钙标准储备溶液：准确称取 1.248 6 g 碳酸钙（纯度大于 99.99%），加 50 mL 去离子水，加盐酸溶解，移入 1 000 mL 容量瓶中，加 20 g/L 氧化镧溶液稀释至刻度。储存于聚乙烯瓶内，4 ℃保存。此溶液每毫升相当于 500 mg 钙。

钙标准使用液：钙标准使用液的配制见表 7.2。钙标准使用液配制后，储存于聚乙烯瓶内，4 ℃保存。

表 7.2　钙标准使用液配制

元素	标准储备液浓度/(μg/mL)	吸收储备标准溶液量/mL	稀释体积/mL	标准使用液浓度/(μg/mL)	稀释溶液
钙	500	5.0	100	25	20 g/L 氧化镧溶液

2. 主要仪器

容量瓶、原子吸收分光光度计。所用玻璃仪器均用硫酸-重铬酸钾洗液浸泡数小时，再用洗衣粉充分洗刷，然后用水反复冲洗，最后用去离子水冲洗晒干或烘干，方可使用。

3.试样

面粉、菠菜等。

三、操作步骤

(一)试样处理

1.试样制备。鲜样(如蔬菜、水果、鲜鱼、鲜肉等):先用自来水冲洗干净后,要用去离子水充分洗净。

干粉类试样(如面粉、奶粉等):取样后立即装容器密封保存,防止空气中的灰尘和水分污染。

2.试样消化。精确称取均匀干试样 0.5~1.5 g(湿样 2.0~4.0 g,饮料等液体试样 5.0~10.0 g)于 250 mL 消化管中,加混合酸消化液 20~30 mL,置于电炉上加热消化。如未消化好而酸液过少时,再补加几毫升混合酸消化液,继续加热消化,直至无色透明为止。加几毫升水,加热以除去多余的硝酸。待消化管中液体接近 2~3 mL 时,取下冷却。用 20 g/L 氧化镧溶液洗,并转移到 10 mL 刻度试管中,定容至刻度。

取与消化试样相同量的混合酸消化液,按上述操作做试剂空白实验测定。

(二)试样测定

将钙标准使用液分别配制不同浓度系列的标准稀释液(表 7.3),测定操作参数见表 7.4。

表 7.3 不同浓度系列标准稀释液的配制方法

元素	使用液浓度/($\mu g/mL$)	吸取使用液量/mL	稀释体积/mL	标准系列浓度/($\mu g/mL$)	稀释溶液
钙	25	1		0.5	20 g/L 氧化镧溶液
		2		1.0	
		3	50	1.5	
		4		2.0	
		6		3.0	

表 7.4 测定操作参数

元素	波长/nm	光源	火焰	标准系列浓度/($\mu g/mL$)	稀释溶液
钙	422.7	可见光	空气-乙炔	0.5~3.0	20 g/L 氧化镧溶液

其他实验条件:仪器狭缝、空气及乙炔的流量、灯头高度、元素灯电流等均使用仪器说明调至最佳状态。

将消化好的试样、试剂空白液和钙元素的标准浓度系列溶液分别倒入火焰进行测定。

四、结果计算

试样中钙的含量按式(7.9)计算。

$$X = \frac{(c_1 - c_0) \times V \times f \times 100}{m \times 1\,000} \tag{7.9}$$

式中:X——试样中钙元素的含量,mg/100 g;

　　　c_1——测定用试样液中钙元素的浓度,mg/mL;

　　　c_0——测定用空白液中钙元素的浓度,mg/mL;

　　　V——试样定容体积,mL;

　　　f——稀释倍数;

　　　m——试样质量,g。

计算结果表示到小数点后两位。在重复性条件下获得的两次独立测定结果的绝对差值不得超过算术平均值的 10%。

五、注意事项

1. 原子吸收分光光度法测定低含量钙制品效果较好,检出限为 0.1 mg,线性范围为 0.5 ~ 2.5 mg。

2. 试样制备过程中应特别注意,防止各种污染。所用设备如电磨、绞肉机、匀浆器、打碎机等必须是不锈钢制品。所用容器必须使用玻璃或聚乙烯制品,做钙测定的试样不得用石磨研碎。

3. ClO_4^- 的存在会使钙解离原子比降低,导致吸光度下降,因此,湿法消化使用的高氯酸要尽可能排净。

方法二　EDTA 滴定法

一、实验原理

EDTA 是一种氨羧络合剂,在不同的 pH 值下可与多种金属离子形成稳定的络合物(图 7.8)。Ca^{2+} 与 EDTA 能定量地形成金属络合物,其稳定性大于钙与指示剂所形成的络合物。在 pH 12 ~ 14 范围内,可用 EDTA 的盐溶液直接滴定溶液中的 Ca^{2+}。终点指示剂为钙指示剂(NN),钙指示剂在 pH>11 时为纯蓝色,当钙指示剂与钙结合时,形成酒红色的 NN–Ca^{2+}(图 7.9)。滴定过程中,EDTA 首先与游离态的 Ca^{2+} 结合,当游离态的 Ca^{2+} 消耗完毕时,EDTA 就夺取与钙指示剂络合的钙离子,使溶液由酒红色变为游离钙指示剂的纯蓝色(终点)。根据 EDTA 络合剂用量,可计算钙的含量。

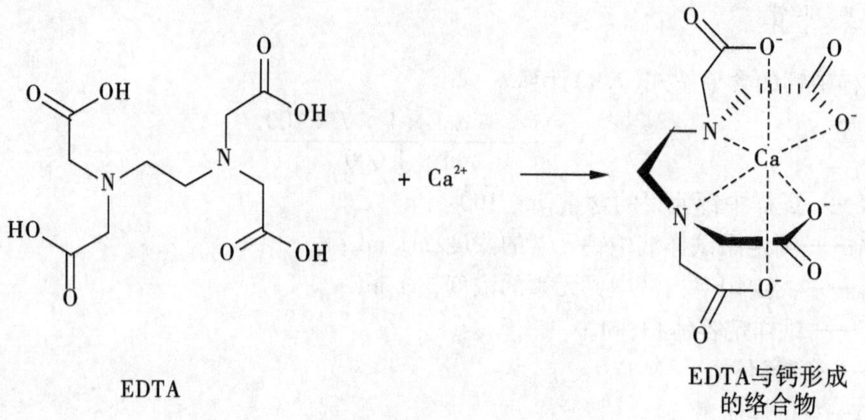

图 7.8　EDTA 与钙离子的螯合作用

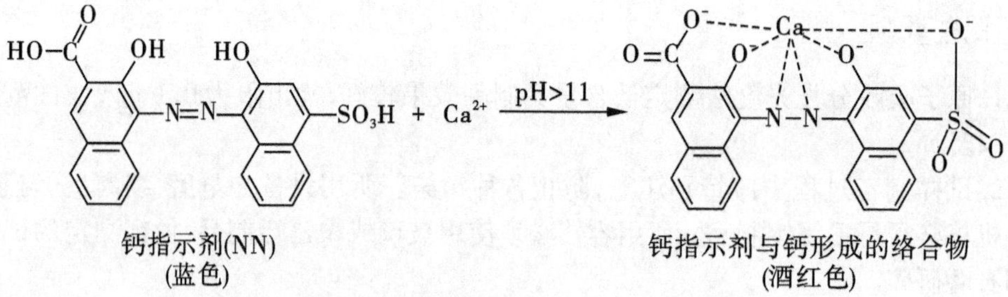

图 7.9　钙指示剂与钙离子的螯合作用

二、实验试剂与仪器

1.试剂

（1）1.25 mol/L 氢氧化钾溶液:精确称取 70.13 g 氢氧化钾,用水定容至 1 000 mL。

（2）10 g/L 氰化钠溶液:称取 1.00 g 氰化钠,用水定容至 100 mL。

（3）0.05 mol/L 柠檬酸钠溶液:称取 14.70 g 柠檬酸钠($Na_3C_6H_5O_7 \cdot 2H_2O$),用水定容至 1 000 mL。

（4）混合酸消化液:硝酸:高氯酸= 4:1。

（5）EDTA 溶液:准确称取 4.50 g EDTA（乙二胺四乙酸二钠）,用水定容至 1 000 mL,储存于聚乙烯瓶中,4 ℃保存。使用时稀释 10 倍即可。

（6）0.1 mg/mL 钙标准溶液:准确称取 0.124 8 g 碳酸钙（纯度大于 99.99%,105 ~ 110 ℃烘干 2 h）,加 20 mL 水及 3 mL 0.5 mol/L 盐酸溶解,移入 500 mL 容量瓶中,加水稀释至刻度,储存于聚乙烯瓶中,4 ℃保存。

（7）钙红指示剂:称取 0.10 g 钙红指示剂（$C_{21}O_7N_2SH_{14}$）,用水稀释至 100 mL,溶解后即可使用。储存于冰箱中可保持一个半月以上。

2.主要仪器

消化瓶（250 mL）、微量滴定管、碱式滴定管、刻度吸管、电炉。所有玻璃仪器均以硫酸-重铬酸钾洗液浸泡数小时,再用洗衣粉洗刷,后用水反复冲洗,最后用去离子水冲洗晒干或烘干,方可使用。

3.试样

面粉、各种蔬菜等。

三、实验步骤

(一)试样处理

1.试样制备。鲜样(如蔬菜、水果、鲜鱼、鲜肉等):先用自来水冲洗干净后,再用去离子水充分洗净。

干粉类试样(如面粉、奶粉等):取样后立即装容器密封保存,防止空气中的灰尘和水分污染。

2.试样消化。精确称取均匀干试样 0.5 ~ 1.5 g(湿样 2.0 ~ 4.0 g,饮料等液体试样 5.0 ~ 10.0 g)于 250 mL 消化管中,加混合酸消化液 20 ~ 30 mL,置于电炉上加热消化。如未消化好而酸液过少时,再补加几毫升混合酸消化液,继续加热消化,直至无色透明为止。加几毫升水,加热以除去多余的硝酸。待消化管中液体接近 2 ~ 3 mL 时,取下冷却。用 20 g/L 氧化镧溶液洗,并转移到 10 mL 刻度试管中,定容至刻度。

取与消化试样相同量的混合酸消化液,按上述操作做试剂空白实验测定。

(二)试样测定

1.标定 EDTA 浓度。吸取 0.5 mL 钙标准溶液,加 1 滴氰化钠溶液和 0.1 mL 柠檬酸钠溶液,用滴定管加 1.5 mL 1.25 mol/L 氢氧化钾溶液,加 3 滴钙红指示剂,以 EDTA 滴定,至指示剂由紫红色变蓝为止,记录 EDTA 消耗的体积(V),根据滴定结果按式(7.10)计算出每毫升 EDTA 相当于钙的毫克数,即滴定度(T)。

$$T = \frac{0.1 \times 0.5}{V} \tag{7.10}$$

式中:T —— EDTA 滴定度(每毫升 EDTA 相当于钙的毫克数),mg/mL;

V ——消耗 EDTA 标准溶液的体积,mL。

2.试样及空白滴定。分别吸取 0.1 ~ 0.5 mL(根据钙的含量而定)试样消化液及空白于试管中,加 1 滴氰化钠溶液和 0.1 mL 柠檬酸钠溶液,用滴定管加 1.5 mL 1.25 mol/L 氢氧化钾溶液,加3 滴钙红指示剂,立即以稀释 10 倍 EDTA 溶液滴定,至指示剂由紫红色变蓝为止。

四、结果计算

试样中钙含量按式(7.11)计算。

$$X = \frac{T \times (V_1 - V_0) \times f \times 100}{m} \tag{7.11}$$

式中:X ——试样中钙含量,mg/100 g;

T ——EDTA 滴定度,mg/mL;

V_1 ——滴定试样时所用 EDTA 量,mL;

V_0 ——滴定空白时所用 EDTA 量,mL;

f——试样稀释倍数;

m——试样质量,g。

计算结果表示到小数点后两位。在重复性条件下获得的两次独立测定结果的绝对差值不得超过算术平均值的10%。

五、注意事项

1. 用盐酸溶解碳酸钙时,要用表面皿盖好烧杯后再加盐酸,以防喷溅。

2. 氰化钠是剧毒物质,必须在碱性条件下使用,以防止在酸性条件下生成 HCN 逸出。测定完的废液要加氢氧化钠和硫酸亚铁处理,使生成亚铁氰化钠后才能倒掉。

3. 加入指示剂后应立即滴定,放置过久会导致终点不明显。

思考题

1. 原子吸收法测定钙含量时,消化液中加入氧化镧溶液的作用是什么? 为什么不用水? 消化液为什么不用硝酸–硫酸混合液?

2. EDTA 滴定法测定钙含量的实验过程中,加入氰化钠的作用是什么?

3. 其他测定食品中钙离子的方法还有哪些?

实验四 食品中铁含量的测定

食品中铁含量的测定方法主要有原子吸收分光光度法、邻二氮菲比色法、荧光分光光度法、菲咯嗪分光光度法等。其中,原子吸收法灵敏度高、重现性好被列为国标推荐方法;邻二氮菲比色法相对简单,而且具有很好的选择性,目前采用较多。

方法一 原子吸收法

一、实验原理

含铁试样经湿消化后,加入原子吸收分光光度计中,经火焰原子化后,吸收248.3 nm的共振线,其吸收量与铁的含量成正比,与标准系列比较进行定量。

二、实验试剂与仪器

1.试剂

(1)浓盐酸、浓硝酸、高氯酸,混合酸消化液(硝酸:高氯酸 = 4:1),均为分析纯。

(2)0.5 mol/L硝酸溶液:量取32 mL硝酸,加去离子水并稀释至1 000 mL。

(3)1 mg/mL铁标准溶液:准确称取金属铁(纯度大于99.9 9%)1.000 0 g,或含1.000 0 g 纯金属铁相对应的氧化物。加入硝酸溶解并移入1 000 mL容量瓶中,加0.5 mol/L的硝酸溶液并稀释至刻度。储存于聚乙烯瓶内,4 ℃保存。铁标准使用液的配制见表7.5。铁标准使用液配制后,储存于聚乙烯瓶内,4 ℃保存。

表 7.5 铁标准使用液配制

元素	标准储备液浓度/(mg/mL)	吸收储备标准溶液量/mL	稀释体积/mL	标准使用液浓度/(mg/mL)	稀释溶液
铁	1	10	100	100	0.5 mol/L硝酸溶液

2.主要仪器

容量瓶、移液管、原子吸收分光光度计。

所用玻璃仪器均用硫酸-重铬酸钾洗液浸泡数小时,再用洗衣粉充分洗刷,然后用水反复冲洗,最后用去离子水冲洗晒干或烘干,方可使用。

3.试样

蔬菜、水果、面粉等。

三、实验步骤

(一)试样处理

1.试样制备。鲜样(如蔬菜、水果、鲜鱼、鲜肉等):先用自来水冲洗干净后,再用去离子水充分洗净。

干粉类试样(如面粉、奶粉等):取样后立即装容器密封保存,防止空气中的灰尘和水分污染。

2. 试样消化。精确称取均匀干试样 0.5 ~ 1.5 g(湿样 2.0 ~ 4.0 g,饮料等液体试样 5.0 ~ 10.0 g)于 250 mL 消化瓶中,加混合酸消化液 20 ~ 30 mL,置于电炉上加热消化。如未消化好而酸液过少时,再补加几毫升混合酸消化液,继续加热消化,直至无色透明为止。加几毫升水,加热以除去多余的硝酸。待消化管中液体接近 2 ~ 3 mL 时,取下冷却。用去离子水洗,并转移到 10 mL 刻度试管中,加水定容至刻度。

取与消化试样相同量的混合酸消化液,按上述操作做试剂空白实验测定。

(二)试样测定

将铁标准使用液分别配制不同浓度系列的标准稀释液(表 7.6),测定操作参数见表 7.7。

表 7.6 不同浓度系列标准稀释液的配制方法

元素	使用液浓度/(mg/mL)	吸取使用液量/mL	稀释体积/mL	标准系列浓度/(mg/mL)	稀释溶液
		0.5		0.5	
		1		1.0	
铁	100	2	100	2.0	0.5 mol/L 硝酸溶液
		3		3.0	
		4		4.0	

表 7.7 测定操作参数

元素	波长/nm	光源	火焰	标准系列浓度范围/(mg/mL)	稀释溶液
铁	248.3	紫外光	空气-乙炔	0.5 ~ 4.0	0.5 mol/L 硝酸溶液

其他实验条件:仪器狭缝、空气及乙炔的流量、灯头高度、元素灯电流等均使用的仪器说明调至最佳状态。

将消化好的试样、试剂空白液和铁元素的标准浓度系列溶液分别倒入火焰进行测定。

四、结果计算

$$X = \frac{(c_1 - c_0) \times V \times f \times 100}{m \times 1\ 000}$$
(7.12)

式中:X ——试样中铁元素的含量,mg/100 g;

c_1 ——测定用试样液中铁元素的浓度,mg/mL;

c_0——测定用空白液中铁元素的浓度，mg/mL；

V——试样定容体积，mL；

f——稀释倍数；

m——试样质量，g。

计算结果表示到小数点后两位。在重复性条件下获得的两次独立测定结果的绝对差值不得超过算术平均值的10%。

五、注意事项

1. 原子吸收分光光度法检出限为 0.2 mg。

2. 试样制备过程中应特别注意，防止各种污染。所用设备如电磨、绞肉机、匀浆器、打碎机等必须是不锈钢制品。所用容器必须使用玻璃或聚乙烯制品。

3. ClO_4^- 的存在会使铁解离原子比降低，导致吸光度下降，因此，湿法消化使用的高氯酸要尽可能排净。

方法二　邻二氮菲比色法

一、实验原理

在 pH 值 2~9 的溶液中，邻二氮菲（又称邻菲啰啉）能与 Fe^{2+} 生成稳定的橘红色配合物（图 7.10），在波长 510 nm 处有最大吸收，其吸光度与 Fe^{2+} 含量成正比，因此，可用比色法进行测定。此外，邻二氮菲也能与 Fe^{3+} 反应，生成淡蓝色的配合物。因此，在显色之前，需要用盐酸羟胺（或抗坏血酸）将全部的 Fe^{3+} 还原为 Fe^{2+}（图 7.11）。本方法的灵敏度高、选择性好，相当于含铁量 40 倍的 Sn^{2+}、Al^{3+}、Ca^{2+}、Mg^{2+}、Zn^{2+}，20 倍的 Cr^{3+}、Mn^{2+} 及 5 倍的 Co^{2+}、Cu^{2+} 等均不干扰测定。

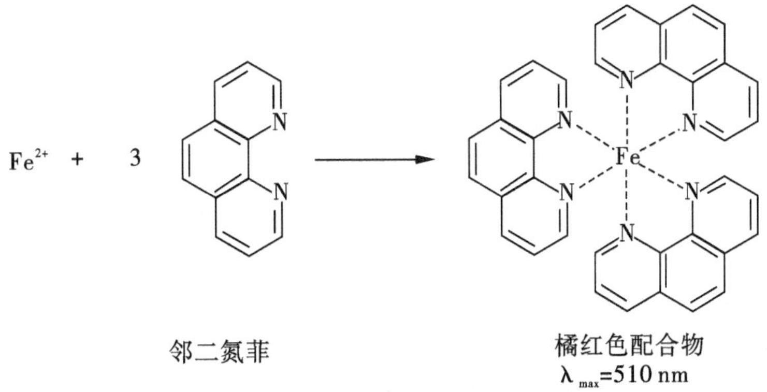

图 7.10　Fe^{2+} 与邻二氮菲的显色反应

$$2Fe^{3+} + 2NH_2OH \cdot HCl \longrightarrow 2Fe^{2+} + N_2 + 2H_2O + 4H^+ + 2Cl^-$$

图 7.11 Fe^{3+} 与盐酸羟胺的反应

二、实验试剂与仪器

1. 试剂

5%盐酸羟胺溶液(用前配制)、浓硫酸、盐酸溶液(1∶1)、10%乙酸钠溶液、试剂均为分析纯。

0.15%邻二氮菲水溶液(新鲜配制):称取 0.15 g 邻二氮菲于烧杯中,加 60 mL 水加热至 80 ℃溶解,冷却后移入 100 mL 容量瓶定容。

铁标准储备液:准确称取金属铁(纯度大于99.99%)1.000 0 g 于烧杯中,加入 50 mL (1∶1)盐酸使之溶解,转移到 1 000 mL 容量瓶中,用水稀释至刻度。此溶液每毫升含 Fe^{2+} 1 000 mg。

铁标准使用液:吸取铁标准储备液 1.00 mL,用水定容至 100 mL,此溶液每毫升含 Fe^{2+} 10 mg。

2. 主要仪器

723 可见分光光度计。

3. 试样

蔬菜、水果、面粉等。

三、实验步骤

(一)试样处理

称取均匀样品 10.0 g,干法灰化后,加 2 mL 1 mol/L 的盐酸于水浴上蒸干,再加入 5 mL蒸馏水,加热沸腾,冷却,移入 100 mL 容量瓶,用蒸馏水定容,摇匀后待测。

(二)标准曲线绘制

准确吸取铁标准使用液 0.0 mL、1.0 mL、2.0 mL、3.0 mL、4.0 mL、5.0 mL,分别置于 25 mL 容量瓶中,加 5%盐酸羟胺 2.5 mL,摇匀,放置 10 min 后,加 1 mL 10% 酒石酸溶液,2.5 mL 10% 乙酸钠,0.25%邻二氮菲溶液 5 mL,10% 乙酸钠 5 mL,然后用蒸馏水稀释至刻度,摇匀。此时容量瓶中溶液铁的浓度分别为:0.00 mg/mL、0.40 mg/mL、0.80 mg/mL、1.20 mg/mL、1.60 mg/mL。以不加铁标的试剂空白作参比,在 510 nm 波长处测定各溶液的吸光度,以铁含量为横坐标,吸光度值为纵坐标,绘制标准曲线。

(三)样品测定

准确吸取样品溶液 5~10 mL(视铁含量的高低而定)于 25 mL 容量瓶中,以下按照标准步骤与标准工作液同时进行。在 510 nm 波长处测定吸光度,在标准曲线上查出相对应的铁含量(mg)。

四、结果计算

试样中铁含量按式(7.13)计算。

$$X = \frac{C \times V_2}{m \times V_1} \times 100 \tag{7.13}$$

式中：X ——试样中铁元素的含量，mg/100 g；

C ——从标准曲线上查得测定用样液相应的铁元素的含量，mg；

V_1 ——测定用样液的体积，mL；

V_2 ——样液总体积，mL；

m ——试样质量，g。

计算结果表示到小数点后两位。在重复性条件下获得的两次独立测定结果的绝对差值不得超过算术平均值的 10%。

五、注意事项

1. Cu^{2+}、Ni^{2+}、Co^{2+}、Zn^{2+}、Hg^{2+}、Cd^{2+}、Mn^{2+} 等离子也能与邻二氮菲生成稳定的络合物，少量时不影响测定，量大时可用 EDTA 掩蔽或预先分离。

2. 微量元素分析的样品制备过程中要注意防止各种污染，所用各种设备必须是不锈钢制品，所用容器必须为玻璃或聚乙烯制品。

3. 加入 10% 的乙酸钠的目的是调节溶液 pH 值至 3 ~ 5，使二价铁能与邻二氮菲定量络合，发色较为完全。

⇨ 思考题

1. 原子吸收法中，消化液为什么不用硝酸-硫酸混合液？

2. 本实验中盐酸羟胺、醋酸钠的作用各是什么？

3. 制作标准曲线和进行其他条件实验时，加入试剂的顺序能否任意改变？为什么？

第 **8** 章

食品添加剂应用实验

实验一 抗氧化剂在食品中的应用

一、实验原理

抗氧化剂按溶解性可分为油溶性与水溶性抗氧化剂两类。按来源可分为天然的与人工合成的两类。抗氧化剂能够防止或延缓食品氧化反应的进行,但不能在食品发生氧化后使之复原。因此,抗氧化剂必须在氧化变质之前添加。抗氧化剂的用量一般很少(0.002 5% ~0.1%),但必须与食品充分混匀才能很好地发挥作用。

抗氧化剂的作用机制是比较复杂的,尤其是油溶性的抗氧化剂,如属于酚类化合物的丁基羟基茴香醚、二丁基羟基甲苯、维生素 E 等,能够提供氢原子与油脂自动氧化产生的自由基结合,形成相对稳定的结构,阻断了油脂的链式自动氧化过程。每种抗氧化剂都有自己的适用范围。在油溶性抗氧化剂使用时,往往把两种或两种以上的抗氧化剂混合使用,或抗氧化剂与增效剂配合使用,会增强抗氧化剂的抗氧化效果。若使用的抗氧化剂能与食品稳定剂同时使用也会起到较好的抗氧化作用。

二、实验试剂与仪器

1.试剂与抗氧化剂

金属微量元素溶液,其他试剂参照过氧化值的测定方法——GB 5538—2005 和酸价的测定方法——GB 5530—2005。抗氧化剂 BHT、BHA、TBHQ、EQ、维生素 E、茶多酚等。

2.主要仪器

恒温烘箱,其他仪器参照过氧化值和酸价的测定方法。

3.试样

色拉油、含高脂食品等。

三、实验方案提示

1.采用高温条件下金属离子催化,通过测定酸价和过氧化值来评价其氧化变质程度。

2.选择天然和人工合成的抗氧化剂,对比其抗氧化的效果。

3.选用已学过的,反映脂肪氧化程度的指标,进行脂肪氧化程度的测定。

四、预期结果

1.酸价是脂肪中游离脂肪酸含量的标志,酸价越小,说明油脂质量越好,新鲜度越好。加有抗氧化剂 EQ 的试样的酸价最小,说明样品中的游离脂肪酸较少,较新鲜。

2.过氧化值是 1 kg 样品中的活性氧含量,加有抗氧化剂 TBHQ 的试样的过氧化值最小,其中含有的活性氧含量较少,油脂氧化后生成的过氧化物、醛、酮等较少,酸败程度较低。EQ 跟 TBHQ 混合使用会成为较理想的抗氧化剂。

五、注意事项

1.抗氧化剂的选择对含脂物质具有不同的影响,选择抗氧化剂时,要注意其性质。

2.动植物油脂类易被氧化而变质,高温可以加快其氧化速度,且金属离子也能催化其氧化,加速油脂变质。故在实验中采用高温条件金属离子催化效果会更加明显。

▶ 思考题

1.实验中哪种抗氧化剂的抗氧化效果较好?并阐述其抗氧化机制。
2.评价抗氧化效果的指标有哪些?各有何特点?

实验二 乳化剂在植物蛋白饮料中的应用

植物蛋白饮料是以水为分散介质,以蛋白质、脂肪为主要分散相的复杂胶体悬浮体系,是水包油型的乳浊液,与一般的酸性饮料不同,属于热力学不稳定体系。因此蛋白质饮料的质量问题往往是乳化剂稳定性问题,常用的乳化剂有蔗糖脂肪酸酯、甘油脂肪酸酯(单甘酯)、三聚甘油酯、大豆磷脂等。植物蛋白饮料的乳化剂适宜选择两种或者两种以上的乳化剂混合而成,HLB 值大于8。

一、实验原理

乳化剂的使用可以使水油界面张力降低,提高乳状液的稳定性,同时乳化剂在进行乳化作用时,包围在油滴四周形成界面膜,防止了乳化粒子因相互碰撞而发生聚集作用,使乳化液稳定。乳化剂还可以通过蛋白质、淀粉结合从而改变产品结构,稳定货架期和改变流变性。

二、实验试剂与仪器

1.实验材料

大豆、全脂奶粉、小苏打、白砂糖、单甘酯、蔗糖酯(SE15)、CMC-Na、香精。

2.主要仪器

磨浆机、胶体磨、高压均质机、高压杀菌锅、真空脱气机、离心沉淀机、电子天平、温度计、不锈钢桶、不锈钢锅、饮料瓶、瓶盖等。

三、实验方案提示

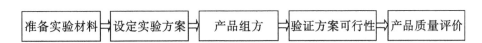

1.工艺流程

大豆 → 浸泡 → 磨浆 → 浆渣分离 → 脱臭 → 豆奶基 → 调配 → 均质 → 灌装 → 密封 → 杀菌 → 冷却 → 产品检验

2.操作要点

(1)浸泡和磨浆。将大豆浸入常温水中,大豆∶水 = 1∶3,冬天 16 ~ 20 h,夏天 8 ~ 12 h;大豆吸水量 1∶1 ~ 1∶1.2,即增重至 2.0 ~ 2.2 倍。或将除杂后的大豆浸入沸腾的 1% 小苏打溶液中,豆与溶液比为 1∶8,再迅速加热至沸,保持 6 min,取出沥干;再用 82 ℃以上的热水冲碱洗豆。浸泡好的大豆洗净沥干后加热水或加 0.1% 小苏打溶液(>90 ℃)磨浆,豆与溶液比为 1∶8 ~ 1∶10,磨浆时料温始终不得低于 82 ℃。

(2)浆渣分离。热浆黏度低,趁热在 2 000 r/min 离心分离 5 min;或 8 层纱布过滤。

(3)脱臭。真空脱臭 26.6 ~ 39.9 kPa;或煮浆除部分豆腥味。

(4)调配。奶味豆奶饮料 1 000 mL。

配方:豆奶基料40,白砂糖4,全脂奶粉0.5(鲜奶3),蔗糖酯或单甘酯0.1,CMC-Na 0.1。

调配时可设计正交试验考察增稠剂和乳化剂的适宜用量。

砂糖糖浆的制备（65Brix）：加水时一定不要超过量；刚开始煮开时注意火候及搅拌，用微火煮沸 5 min，趁热过滤，取样冷却后用手持糖量计测糖度；将奶粉与 42 ℃温水按照1∶6 的比例充分搅拌混匀，静置 2 h 使其充分溶胀；将稳定剂 CMC-Na 与白砂糖粉按照1∶5 的比例混合均匀，边搅拌边缓慢加入到 70～80 ℃的热水中，充分分散后静置半小时左右使其充分溶胀成2%～3%的胶体溶液；乳化剂单甘酯隔水加热融化后，加热水（>80 ℃）溶解；或先溶解在少量热油中，再分散至热水中。乳化剂蔗糖酯直接加热水（>80 ℃）溶解即可。按不同的稳定剂、配比及添加量设计 3 组配方，注意比较其对饮料稳定性的影响。

（5）均质。75～80 ℃，150 kg/cm^2，50 kg/cm^{2}二次均质；或 75～80 ℃，200 kg/cm^{2}一次均质，注意比较两者均质效果。

（6）高温高压杀菌。121 ℃，15 min，杀灭致病菌和大多数腐败菌，钝化胰蛋白酶抑制素。

3. 稳定性评定

（1）快速判断法。在洁净的玻璃杯内壁上倒少量饮料成品，若其形成牛乳似的均匀薄膜，则证明该饮料质量稳定。

（2）自然沉淀观察法。将饮料成品在室温下静置于水平桌面上，观察其沉淀产生时间，沉淀产生的越早，则证明该饮料越不稳定。

（3）离心沉淀法。取样品饮料 1 mL，稀释 100 倍后在785 nm下测其吸光度，为 A_1；另取样品饮料 10 mL，在 3 000 r/min 下离心 10 min 后取其上清液，稀释 100 倍后在 785 nm下测其吸光度，为 A_2，其稳定系数为：

$$R = \frac{A_1}{A_2} \times 100 \tag{8.1}$$

式中：R——稳定系数；

A_1——沉淀前的吸光度；

A_2——沉淀后的吸光度。

如 $R \geq 95\%$，则饮料稳定性良好，蛋白质等悬浮粒子沉降速度较小。

四、预期结果

1. 熟悉植物蛋白乳饮料的加工工艺过程。

2. 掌握在食品加工工序中乳化剂的性质及添加方式。

3. 总结出乳化剂对饮料加工产品的影响。

4. 通过正交试验确定增稠剂和乳化剂的适宜用量，使豆奶杀菌后 5 天仍保持较好的稳定性。

五、注意事项

1. 加碱液浸泡过的大豆要漂洗干净，否则颜色发黄，并影响乳化效果。

2. 砂糖糖浆的制备加水时一定不要超过量，刚开始煮开时注意火候及搅拌。

将奶粉与温水充分搅拌混匀，搅拌速度不宜过快，防止蛋白质离心沉淀。

3.乳化剂单甘酯与蔗糖酯加水溶解时方法略有不同,要注意乳化剂本身性质并适量添加。

4.增稠剂可选择羧甲基纤维素钠、卡拉胶、瓜尔豆胶等。

⇨ 思考题

1.如何有效去除豆腥味?

2.如何抑制大豆中的主要抗营养因子?

3.影响豆奶稳定性的主要因素是什么?

实验三　增稠剂在果汁乳饮料中的应用

　　增稠剂是指改善食品的物理性质或组织状态,使食品黏滑适口的食品添加剂,也称增黏剂、胶凝剂、乳化稳定剂等。食品增稠剂对保持流态食品、胶冻食品的色香味、结构和稳定性起相当重要的作用,增稠剂在食品中主要是赋予食品所要求的流变特性,改变食品的质构和外观,将液体、浆状食品形成特定形态,并使其稳定、均匀,提高食品质量,以使食品具有黏滑适口的感觉。

　　食品中常用的增稠剂有羧甲基纤维素钠、海藻酸钠、明胶、黄原胶、果胶等,一般添加量为0.05%~0.3%,尤其在饮料中应用较为广泛。本实验以果汁乳饮料为研究对象,探讨增稠剂对饮料品质的影响。

一、实验原理

　　当有机酸加到牛奶或发酵乳中时,会引起乳蛋白的凝聚与沉淀,这是酸性乳饮料中的严重问题,但加入增稠剂后,则能使制品均匀稳定。琼脂凝胶坚挺、硬度高、弹性小;明胶凝胶坚韧而富有弹性,承压性好,并有营养;卡拉胶凝胶透明度好、易溶解,适用于制奶冻;果胶凝胶具有良好的风味,适用于制果味制品。

二、实验材料与仪器

　　1. 实验材料

　　白砂糖、脱脂乳粉、柠檬酸、柠檬酸钠、橙浓缩果汁、香精(鲜奶、橙香精)、羧甲基纤维素钠、黄原胶、果胶、卡拉胶、琼脂、明胶、蔗糖酯SE(HLB15)。

　　2. 主要仪器

　　手持糖量计、pH计、温度计、轧盖机、电子天平、水浴锅、搅拌器、高剪切混合乳化机、离心机、不锈钢桶、不锈钢锅、饮料瓶、瓶盖。

三、实验方案提示

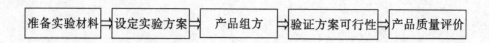

　　1. 果汁乳饮料配方。白砂糖10,脱脂乳粉3,橙汁5,柠檬酸钠0.06,蔗糖酯SE(HLB15)0.08,柠檬酸调pH值至3.9~4.0,增稠剂适量(表8.1)。

表8.1　增稠剂用量参考

序号	羧甲基纤维素钠/%	果胶/%
1	0.12	0.28
2	0.15	0.25

续表

序号	羧甲基纤维素钠/%	果胶/%
3	0.2	0.2
4	0.25	0.15

2. 工艺流程

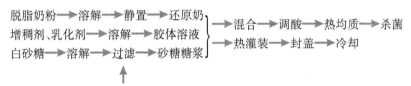

加适量水稀释橙浓缩汁

（1）将脱脂奶粉与 42 ℃水按照 1∶6 的比例充分搅拌混匀。

（2）将稳定剂与白砂糖按照 1∶5 的比例混合均匀，边搅拌边加入到 70～80 ℃的热水中，充分分散后静置半小时左右使其充分溶胀成 2%～3% 的胶体溶液。

（3）砂糖糖浆的制备（65Brix）。加水时一定不要超过量，用微火煮沸 5 min，趁热过滤，取样冷却后用手持糖量计测糖度。

（4）混合。在配料容器中依次加入砂糖糖浆、还原奶、稳定剂，如有固体用料，则需预先用水充分溶解，将各组分搅拌混匀，冷却至室温；橙浓缩汁加适量水稀释，并在搅拌条件下将其缓慢加入到上述溶液中，充分混匀。

（5）调酸。用柠檬酸溶液（2%～3%）调酸至 pH 值 3.9～4.0。将调好酸的料液于 80 ℃、20 MPa 下热均质两次后，在 80 ℃下进行杀菌并热灌装入 350 PET 瓶，封盖，冷水冷却。

3. 稳定性测定。根据斯托克原理测定蛋白质的稳定性，根据式（8.2）计算沉淀物含量。

$$沉淀量(\%) = \frac{沉淀物重量}{10\ mL\ 饮料重量} \times 100 \qquad (8.2)$$

4. 感官评定。鉴评人员对实验样品的感官指标采用评分检验法进行评分。

四、预期结果

1. 增稠剂对不同食品的功能作用。

2. 增稠剂对饮料制品具有的影响作用及评价指标。

3. 探讨增稠剂在食品工业上的其他应用。

4. 通过正交试验确定增稠剂的复合配比以及增稠剂与乳化剂的复合配比，使果汁乳饮料具有较好的稳定性，口感细腻、爽滑。

五、注意事项

1. 将脱脂奶粉与水充分搅拌混匀并控制搅拌速，防止蛋白质离心沉淀。

2. 砂糖糖浆制备加水时要适量，煮制时注意火候并搅拌。

3.增稠剂应用于饮料时,羧甲基纤维素钠和果胶要用冷水提前配制。

4.加入柠檬酸的速度不宜过快,防止出现局部酸度过高而产生蛋白质变性现象。

➡ 思考题

1.影响果汁乳饮料稳定性的因素有哪些?

2.不同稳定剂对果汁乳饮料品质有何影响?

实验四 防腐剂在冷鲜肉中的应用

一、实验原理

防腐剂是用以保持食品原有品质为目的食品添加剂,可抑制微生物的生长和繁殖,防止食品腐败变质,从而延长食品的保质期。其防腐原理大致有三种情况:一是干扰微生物的酶系,破坏其正常的新陈代谢,抑制酶的活性。二是使微生物的蛋白质凝固和变性,干扰其生存和繁殖。三是改变细胞浆膜的渗透性,抑制其体内的酶类和代谢产物的排除,导致其失活。本实验以冷却鲜肉为实验材料,探讨不同防腐剂对冷却鲜肉的保鲜效果及其之间的差异。同时了解防腐剂选用的原则,掌握防腐剂的安全使用方法。

二、实验材料与仪器

1. 试剂与食品添加剂

乙醇、硼酸、氧化镁、甲基红-乙醇指示剂、次甲基蓝指示剂、EDTA、丙二醛、三氯乙酸、2-硫代巴比妥酸、氯仿、乙酰丙酮、甲醛、冰乙酸,试剂均为分析纯;壳聚糖、乳酸、乳酸钠、其他防腐剂均为食品添加剂;琼脂(PCA)培养基、PE 保鲜袋等。

2. 主要仪器

电子天平、冰箱、紫外可见分光光度计、色差仪、培养箱、离心机、pH 计等。

3. 材料

冷鲜猪肉。

三、实验方案提示

1. 样品处理。将猪肉冷却排酸 24 h,使其中心温度降至 0~4 ℃。提前将所用的刀具和案板用 75% 的乙醇棉球擦拭,并经紫外照射 15 min。在无菌操作条件下,除去筋膜及多余脂肪,切成 100 g 左右的肉块,随机分组。分别用不同防腐剂处理,放在(4±1)℃的冰箱中,定期观察并测定有关指标。另用无菌蒸馏水做空白对照。

在用防腐剂处理时,按照 GB 2760—2011 要求,参阅相关资料,在单因素实验的基础上,设计正交试验或响应面法优化试验考察各种防腐剂(壳聚糖、乳酸、乳酸钠、其他防腐剂)的适宜用量。

2. 指标检测

(1)感官评价:主要从颜色、是否有异味和脂肪氧化味、可接受性等方面来评价。具体评价标准见表8.2。

表 8.2　感官评价标准

评价指标	评价标准
颜色(5 分)	亮红色(5 分);暗红色(4 分);轻微褐红色(3 分);褐红色(2 分);褐色(1 分)
异味(5 分)	无异味(5 分);轻微异味(4 分);少量异味(3 分);有异味(2 分);特别大异味(1 分)
脂肪氧化味(5 分)	无脂肪氧化味(5 分);轻微脂肪氧化味(4 分);少量脂肪氧化味(3 分);有脂肪氧化味(2 分);浓厚脂肪氧化味(1 分)
可接受性(5 分)	高(5 分);较高(4 分);适中(3 分);较低(2 分);低(1 分)

(2)微生物指标:检测菌落总数采用平皿计数法,结果以对数表示,lg(CFU/g)。培养条件为 30 ℃,48 h,营养琼脂(PCA)培养基。

评价标准:新鲜肉<4 lg(CFU/g),次鲜肉 4~6 lg(CFU/g),变质肉>6 lg(CFU/g)。

(3)理化指标

1)汁液流失率。汁液流失量与原料肉的质量比值即为汁液流失率。采用重量法测定。

2)挥发性盐基氮。采用乙酰丙酮-甲醛分光光度法测定。

参考标准为:一级鲜度≤15 mg/100 g;二级鲜度≤20 mg/100 g;变质肉>20 mg/100 g。

3)pH 值。取肉样 10 g 切碎,置于 50 mL 蒸馏水中,混匀振荡 30 min,测其 pH 值。

评定标准为:新鲜肉 pH 值为 5.8~6.2,次鲜肉 pH 值为 6.3~6.6,变质肉 pH 值>6.7。

4)色差。用色差仪测定。

四、预期结果

通过正交试验或响应面法优化试验,确定防腐剂适宜配比,使之明显延长鲜肉的保质期,抑制冷却肉细菌的生长繁殖。

➡ 思考题

根据实验结果,评价各类防腐剂的防腐效果? 并阐述所用防腐剂的防腐机制。

实验五　增色剂在肉制品中的应用

一、实验原理

增色剂又称护色剂、发色剂,是能与肉及肉制品中的呈色物质作用,使之在食品加工、保藏等过程中不致分解、破坏,呈现良好色泽的物质。发色助剂在肉制品的发色以及色泽稳定性当中起着相当重要的作用,主要是消除硝酸的形成,把高价铁离子还原为二价铁离子,形成稳定的呈色物质。本实验主要研究肉制品(以广式腊肉为例)中常见的增色剂及发色助剂对肉品色泽改良的效果,掌握亚硝酸盐残留量的测定方法。

二、实验材料与仪器

1. 试剂与食品添加剂

食盐、白砂糖、酱油、52 度大曲酒、蛋黄粉、抗坏血酸、茶多酚、红曲色素、山梨醇均为食品级;盐酸、硼酸钠、$ZnSO_4 \cdot 7H_2O$、对氨基苯磺酸、盐酸萘乙二胺、亚硝酸钠等均为分析纯。

2. 主要仪器

高速组织捣碎机、电子天平、可控温水浴锅、紫外可见分光光度计等。

3. 实验材料

新鲜肋条肉。

三、实验方案提示

1. 工艺流程

原料肉 → 修整 → 腌制 → 暴晒 → 成品

2. 操作要点

(1)原料肉的修整。将新鲜健康猪肋条肉,去除骨、奶脯,切成 3 cm 宽、10 cm 长的条肉,肉的一头刺一个小洞以便穿麻绳悬挂。清洗干净,沥干,放入腌制液中。

腌制液配制参考:

1)鲜肉 5 kg,白砂糖 200 g,食盐 150 g,酱油 200 g,山梨醇 25 g,水 40 g,52 度大曲酒 100 g,一定量发色剂和助色剂。

2)鲜肉 5 kg,白砂糖 200 g,食盐 125 g,酱油 150 g,白酒 100 g,八角 10 g,桂皮 10 g,花椒 10 g,一定量发色剂和助色剂。

3)鲜肉 5 kg,白砂糖 200 g,食盐 200 g,生抽 200 g,老抽少量,温水少量,汾酒 200 g,一定量发色剂和助色剂。

配制腌制液时,按照 GB 2760—2011 要求,参阅相关资料,在单因素实验的基础上,设计正交试验或响应面法优化实验考察亚硝酸钠、蛋黄粉、抗坏血酸、红曲色素的适宜用量。

(2)腌制。将肉与腌制液充分混合,腌制 20 h,每隔 3~5 h 翻一遍,然后依次穿上麻绳,挂在竹竿上。

（3）暴晒。把腌制好的肉制品在日光下暴晒,晚上移到室内。晒数日,直到肉的表面出油即得到成品。

3. 指标检测

（1）感官评价:将腌制好的广式腊肉成品进行感官评分,评分标准见表8.3。

表8.3 广式腊肉感官评价标准

感官标准	得分/分
色泽鲜明,肌肉呈鲜红色或暗红色,分布均匀;脂肪呈透明或乳白色,无霉点;肉身干爽,无黏液,结实;气味具有广式腊肉固有的气味,无异味及酸败味	8～10
色泽稍淡,肌肉呈暗红色或咖啡色,脂肪呈乳白色,表面略有霉斑,抹后无痕迹,风味略减。脂肪有轻度的酸败味	5～7
其他	2～4

（2）亚硝酸盐的测定:采用盐酸萘乙二胺比色法测定。

（3）色差:用色差仪测定。

四、预期结果

通过单因素及正交试验或响应面法优化实验确定增色剂及发色助剂的适宜用量,使广式腊肉获得理想感官、低亚硝酸盐残留的效果。

⇨ **思考题**

1. 肉品加工中常用的增色剂和发色剂有哪些?各有何特点?

2. 阐述增色剂的增色机制。

第 *9* 章

设计及创新型实验

设计及创新型实验是指给定实验要求和实验条件,由实验者设计实验方案并独立完成。这类实验的主要目标是利用已学过的食品化学知识和研究方法,并结合实验室现有条件,完成设计及创新型实验研究,旨在提高综合分析问题和解决问题的实际能力和动手操作技能。

实验研究可按如下几个步骤进行:

(1)文献检索。根据实验要求查阅相关文献资料,了解实验研究的状况,撰写文献综述。

(2)设计实验方案。根据文献资料,制订详细的实验研究方案。制订方案时,要反复推敲,认真考虑方案的合理性和可行性,然后确定具体实验项目及其前后的次序,并可采用一定的实验方法(如正交试验、均匀设计实验等)来制订研究方案。实验方案经论证后,进一步完善具体的实验操作步骤及注意事项。

(3)实验准备。包括实验用试剂的配制、材料及仪器设备的准备。

(4)实验。在正式开始实验前,对一些实验可进行预实验,主要是进行实验方法的筛选和熟练,为正式实验做好准备。在实验过程中要如实反映客观现象,仔细观察实验过程中出现的各种情况,充分考虑观察的典型性、偶然性和观察的条件,如时间、温度、反应状态等。

(5)实验数据处理。运用已学过的数据处理理论和方法,对实验结果进行整理、分析和归纳,在此基础上通过逻辑思维,找出内在规律,为撰写设计性实验报告做准备。

(6)实验报告。以实验型研究小论文的形式来撰写实验研究报告,主要内容包括前言、材料与方法、结果与讨论和结论四个部分。实验报告中对实验过程及结果做出全面的评价,指导教师可根据学生的表现评定成绩。

实验一 改性淀粉的制备及性能的测定

天然淀粉经处理后使其原有性质发生改变,这类淀粉总称为改性淀粉,也称为变性淀粉。根据处理方式的不同,可分为物理变性淀粉、化学变性淀粉、酶法变性淀粉和复合变性淀粉等,如酯化淀粉、醚化淀粉、氧化淀粉、交联淀粉和预糊化淀粉等。本实验主要介绍酯化淀粉和抗性淀粉。

方法一 淀粉醋酸酯的制备及性能的测定

一、实验原理

淀粉醋酸酯是用醋酸酐或醋酸乙烯在碱性条件下使淀粉分子中部分 2,3,6-位的羟基与乙酰化剂进行取代反应而成的一类变性淀粉。淀粉醋酸酯的反应式为:

通过乙酰化作用改善淀粉与溶剂的亲和力,使其具有糊化温度低、黏度高、储存稳定的特性。产物的性质与其取代度(DS)有关,取代度是指每个脱水葡萄糖单位上取代基的平均数。

二、实验试剂与仪器

1. 试剂

醋酸酐、氢氧化钠、盐酸、酚酞,均为分析纯。

2. 主要仪器和设备

电子天平、三口烧瓶、碘量瓶、恒温磁力搅拌器、恒温水浴锅、鼓风干燥箱、循环水真空泵、离心机、冰箱、紫外可见分光光度计。

3. 试样

玉米淀粉、小麦淀粉、马铃薯淀粉等。

三、实验方案提示

1. 制备方法。淀粉使用前,经 105 ℃干燥 4 h。称取 40.00 g 经干燥的淀粉样品于三口瓶中,配成 40%的淀粉乳,放在恒温磁力搅拌器上不断搅拌,用 3.0%的氢氧化钠溶液把反应体系 pH 值控制在 8.0 ~ 8.4,约 30 min 后开始加入醋酸酐,在 10 min 内缓慢均匀地加入一定量的醋酸酐,充分混匀,保持搅拌,反应一定时间后,用 0.5 mol/L 的盐酸中和至 pH=6.5,然后用布氏漏斗在抽滤瓶中过滤。用蒸馏水洗涤滤饼,用硝酸银检验无氯离子后,取下滤饼于 500 mL 烧杯用蒸馏水溶解,搅拌均匀后再过滤,反复 3 次,放入恒温烘箱 45 ℃烘干 24 h,粉碎,筛理得产品,计算得率。

2. 工艺参数优化。考察乙酸酐用量(3% ~ 9%)、反应温度(20 ~ 40 ℃)、反应时间(1 ~ 3 h)对产品取代度的影响,或者设计正交试验优化工艺参数,测定乙酰基含量。

3. 淀粉醋酸酯的乙酰基含量、取代度及反应效率测定。称取折算为干基质量 5.0 g 的淀粉醋酸酯样品于 250 mL 碘量瓶中,加入 50 mL 蒸馏水,滴入 3 滴 1%酚酞指示剂,用 0.1 mol/L NaOH 滴至微红色不消失为终点。加入 25 mL 0.5 mol/L NaOH 溶液,小心不要弄湿瓶口,塞紧瓶口,放在磁力搅拌器上搅拌 60 min 进行皂化作用;去塞,用洗瓶冲洗碘量瓶的塞子和瓶壁,用 0.5 mol/L 盐酸标准溶液滴定至粉红色消失为终点,记录所用去的盐酸标准溶液的体积 V_1(mL)。同时做原淀粉的空白实验,记录用去的盐酸标准溶液的体积 V_2(mL)。按式(9.1)计算乙酰基含量,按式(9.2)计算取代度,按式(9.3)计算反应效率。

$$\omega(\%) = \left(\frac{V_2}{W_2} - \frac{V_1}{W_1}\right) \times c \times 0.043 \times 100 \tag{9.1}$$

$$DS = \frac{162\omega}{4\ 300 - (43 - 1)\omega} \tag{9.2}$$

$$RE(\%) = DS \times \left(\frac{W_{aa}}{102} - \frac{W_{cs}}{162}\right) \times 100 \tag{9.3}$$

式中:ω——乙酰基含量,%;

DS——取代度;

RE——反应效率,%;

V_1——滴定淀粉醋酸酯消耗盐酸标准溶液的体积,mL;

V_2——滴定原淀粉消耗 HCl 标准溶液体积,mL;

c——盐酸标准溶液浓度,mol/L;

W_2 和 W_1——分别为空白样和样品质量,g;

0.043——与 1 mL 浓度为 1.000 mol /L HCl 标准溶液相当的乙酰基质量,g;

W_{aa}——醋酸酐用量,g;

W_{cs}——原淀粉质量,g;

43、1、102、162——分别是乙酰基、H 原子、醋酸酐、原淀粉每个葡萄糖单元的相对分子质量,g/mol。

4.淀粉糊透明度的测定。分别准确称取 1.00 g 样品(干基),用蒸馏水配成质量分数为 1% 淀粉乳,取 50 mL 放入 100 mL 烧杯中,置于沸水浴中加热搅拌 20 min,并保持原有体积。然后冷却至室温,用 1 cm 比色皿在 650 nm 波长下,以蒸馏水为空白,以蒸馏水的透光率为 100%,测定淀粉糊的透光率。

5.冻融稳定性的测定。分别称取样品 3.00 g(干基),加蒸馏水调成 3.0% 的淀粉乳,沸水浴加热 20 min,充分糊化,冷却至室温,取其中 30 g 加到塑料杯中,加盖,置于-18 ℃的冰箱中冷冻 24 h,然后室温下自然解冻 6 h,在 3 000 r/min 条件下离心 20 min,弃去上清液,称取沉淀物质量,按式(9.4)计算析水率。析水率越低,冻融稳定性越好,反之越差。

$$析水率(\%) = \frac{糊重(g) - 沉淀物重(g)}{糊重(g)} \times 100 \tag{9.4}$$

四、预期结果

确定适宜的酯化条件,使改性后的淀粉糊液透明度、黏度稳定性、冻融稳定性提高。

五、注意事项

1.在酯化反应中应始终保持一定的 pH 值。

2.不同淀粉酯化后其性能有所不同,可根据需要选择淀粉种类,并且控制酯化条件。

3.醋酸酐用量是影响淀粉醋酸酯取代度的主要因素,根据改性后淀粉性质的需求控制一定的取代度。

方法二 RS₃抗性淀粉的制备及测定

一、实验原理

糊化后的淀粉在冷却或储存过程中,直链淀粉双螺旋叠加(即直链淀粉重结晶)形成 RS₃抗性淀粉,由于结晶区的出现,阻止淀粉酶靠近结晶区域的葡萄糖苷键,并阻止淀粉酶活性基团中的结合部位与淀粉分子结合,造成不能完全被淀粉酶作用,从而产生抗酶解性。在加工处理过程中,通过控制处理方式、水分含量、pH 值、加热温度及时间、糊化-老化的循环次数、冷冻及干燥条件等因素控制 RS₃的含量。

二、实验试剂与仪器

1. 试剂

耐高温 α-淀粉酶、普鲁兰酶、葡萄糖淀粉酶、胃蛋白酶、3,5-二硝基水杨酸、无水葡萄糖、氯化钾、盐酸、氢氧化钠、酒石酸钾钠、重蒸苯酚、亚硫酸氢钠,试剂均为分析纯。

3,5-二硝基水杨酸试剂(DNS)的配制:准确称取 6.3 g DNS(3,5-二硝基水杨酸)溶解于 262 mL 的 2 mol/L NaOH 溶液中,然后加到 500 mL 含有 182.0 g 酒石酸钾钠的热水溶液中混匀,再加 5.0 g 重蒸苯酚和 5.0 g 亚硫酸氢钠于其中,搅拌溶解,冷却后定容至 1 000 mL,溶液为黄色储于棕色瓶中。

1 mg/mL 葡萄糖标准溶液的配制:准确称取 105 ℃烘至恒重的葡萄糖 1.000 0 g,加少量水溶解后再加 5 mL 浓盐酸(防止微生物生长),用蒸馏水定容至 1 000 mL。

2. 主要仪器

电子天平、电热恒温水浴锅、电热鼓风干燥箱、低速离心沉淀机、分光光度计、万能粉碎机、微波炉、超声波发生器等。

3. 试样

马铃薯淀粉、小麦淀粉等。

三、实验方案提示

1. 制备工艺

淀粉调乳━━→糊化━━→冷却━━→老化━━→干燥━━→粉碎过筛━━→样品

2. 工艺参数优化。

在制备抗性淀粉时,其工艺中的糊化处理方法常用的预处理方法有酸法、湿热处理、酶法、压热法、超声波法、微波法及其复合法等,其目的都是使淀粉适当的糊化,有利于淀粉的老化,形成 RS₃抗性淀粉。

(1)压热法。淀粉调乳(25%~30%)→调 pH=6→沸水浴预糊化(10 min)→高温高压(121 ℃,45 min)处理→冷却→老化(4 ℃,24 h)→干燥(80 ℃,16 h)→粉碎→样品。

(2)酸法。淀粉调乳(25%~30%)→沸水浴糊化(2 h)→酸解(盐酸用量 1%~2%,40 ℃,30~60 min)→调 pH 值至中性→冷却→老化(4 ℃,24 h)→干燥(80 ℃,16 h)→粉碎→样品。

（3）酶法。淀粉调乳（25% ~ 30%）→压热法糊化→耐热 α-淀粉酶酶解（2 U/g，pH = 5.3，85 ℃，20 min）→普鲁兰酶酶解（4 U/g，pH = 4.5，55 ℃，3 h）→冷却至室温→老化（4 ℃，24 h）→干燥（80 ℃，16 h）→粉碎→样品。

（4）微波-酶复合法。淀粉调乳（25%）→微波糊化（800 W，2 min）→耐热 α-淀粉酶酶解（2 U/g，pH = 5.3，85 ℃，20 min）→普鲁兰酶酶解（4 U/g，pH = 4.5，55 ℃，3 h）→冷却至室温→老化（4 ℃，24 h）→干燥（80 ℃，16 h）→粉碎→样品。

以上工艺参数可设计正交试验进一步优化。

3. 指标测定方法

（1）葡萄糖标准曲线的制作：取 6 支试管，编号，按表 9.1 加入各试剂。

表 9.1　葡萄糖标准曲线的制作

管号	0	1	2	3	4	5
含糖量/mg	—	0.1	0.2	0.3	0.4	0.5
葡萄糖标准液/mL	—	0.1	0.2	0.3	0.4	0.5
蒸馏水/mL	0.5	0.4	0.3	0.2	0.1	—
DNS 试剂/mL	0.5	0.5	0.5	0.5	0.5	0.5
沸水浴 5 min，然后冷水冷却						
蒸馏水/mL	8.0	8.0	8.0	8.0	8.0	8.0
A_{540}						

将上述各管混匀，然后在 540 nm 波长处以 0 号管调零点，测定各管吸光度 A_{540}。以葡萄糖毫克数为横坐标，吸光度值为纵坐标，绘制标准曲线。

（2）抗性淀粉含量测定

1）准确称取待测的抗性淀粉样品 10.00 g（100 目）于 250 mL 烧杯中，加入 HCl-KCl 缓冲液（pH = 1.5）50 mL，加入 1 mL 胃蛋白酶液，40 ℃恒温 1 h，保持不断振荡，以除去样品中的蛋白质。

2）反应后，取出自然冷却到室温，用 2 mol/L NaOH 和 0.5 mol/L HCl 调节 pH 值至 6.0 ~ 6.4，加入 1 mL 耐高温 α-淀粉酶溶液（2 000 U/mL），95 ℃恒温水浴 30 min，保持不断振荡，水解其中的可消化淀粉。

3）冷却至室温，用 2 mol/L HCl 和 0.5 mol/L NaOH 调节 pH 值至 4.0 ~ 4.5，加入 1 mL 葡萄糖淀粉酶液（2 000 U/mL），60 ℃恒温水浴 1 h，保持不断振荡，完全水解其中的可消化淀粉为葡萄糖。

4）冷却、离心（4 000 r/min，15 min），弃去上清液，如此反复 3 次，洗去其中的葡萄糖。

5）加入 7.5 mL 4 mol/L 的 KOH，水浴加热、搅拌使沉淀中的抗性淀粉溶解。

6）加入 5 mL 6 mol/L 的 HCl 中和 KOH，用 2 mol/L NaOH 和 0.5 mol/L HCl 调节 pH 值至 4.0 ~ 4.5，加入葡萄糖淀粉酶溶液 1 mL，60 ℃恒温水浴 1 h，保持不断振荡，水解溶解出的淀粉为葡萄糖。

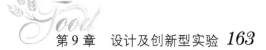

7)冷却,离心(4 000 r/min,15 min),收集上清液,水洗,如此反复 3 次,合并上清液,用水定容至 100 mL 的容量瓶中。

8)DNS 法测定还原糖,按式(9.5)计算还原糖含量。

9)按式(9.6)计算抗性淀粉含量。

$$还原糖(\%) = \frac{还原糖毫克数 \times 样品的稀释倍数}{样品的质量(mg) \times 0.5} \times 100\% \quad (9.5)$$

$$RS(\%) = 还原糖(\%) \times 0.9 \quad (9.6)$$

四、预期结果

确定适宜条件,使抗性淀粉得率最大。

五、注意事项

1.RS 的测定方法还有 Englyst 法、Berry 法、SA 法等,其基本原理都是来自 AOAC 淀粉测定法,即将不消化淀粉转变为葡萄糖,但是各种测定方法所得到的结果相差甚远。

2.Goni 法重现性好,操作相对简单,但是在使用各种酶水解时要注意条件的一致性。

思考题

1.阐述改性淀粉的原理。

2.实验中哪些因素影响结果的准确性?

实验二　改性蛋白质的制备及性能测定

本实验主要介绍乙酰化和酶法改性蛋白质。

方法一　乙酰化蛋白质的制备及性能测定

一、实验原理

理论上蛋白质氨基酸残基上的所有亲核基团都可能发生酰化作用,尤以赖氨酸的氨基最容易。在适当的 pH 值下,将醋酸酐引入到蛋白质结构的氨基上,使带正电荷的氨基被一个中性的酰基残基取代形成乙酰化蛋白质。乙酰化作用可使蛋白质的等电点向较低 pH 值转变,使蛋白质在 pH 值 4.5 ~ 7.0 范围内溶解性提高、黏度增大、凝聚性降低、发泡性及稳定性提高。

二、实验试剂与仪器

1. 试剂

2% 茚三酮溶液:30 mL 柠檬酸缓冲液(0.2 mol/L,pH = 5)与 30 mL 的茚三酮溶液(4% ,溶剂为 2-乙氧基乙醇)混合,加入 50 mg 氯化亚锡(SnCl$_2$·H$_2$O),搅拌过滤备用。

乙酸酐、氢氧化钠,试剂均为分析纯。

2. 主要仪器

电子天平、恒温磁力搅拌器、电动搅拌器、分光光度计、台式离心机,微量凯氏定氮仪、酸度计、电子恒温水浴锅、冷冻干燥机等。

3. 试样

大豆分离蛋白。

三、实验方案提示

1. 乙酰化大豆分离蛋白的制备。准确称取 10.00 g 的大豆分离蛋白,溶于水中,配成 5% 的大豆分离蛋白溶液。磁力搅拌或电动搅拌,然后逐步加入相当于蛋白质干重 5% ~ 30% 的乙酸酐。反应过程中以 1 mol/L NaOH 溶液控制 pH 值在 7.5 ~ 8.5,待 pH 值稳定后在 30 ℃条件下静置 1 h,终止反应,然后在 3 500 r/min 的转速下离心分离 10 min,除去上清液,将下层蛋白浆冷冻干燥,即成样品,测定样品的取代度和功能性质。

2. 改性条件提示。考察乙酸酐试剂用量、蛋白质浓度、反应时间、pH 值等条件对蛋白质酰化程度的影响。可设计正交试验优化条件。

3. 酰基化程度的测定。采用茚三酮比色法测定蛋白质的酰化程度。吸取浓度为 1% 的蛋白液 1 mL,加入 2% 茚三酮溶液 1 mL,混合液于 100 ℃水浴上加热 5 min,迅速冷至 25 ℃,加入 5 mL 蒸馏水,在 580 nm 波长下,测定溶液的吸光度,以 2% 茚三酮溶液为参比液,按式(9.7)计算酰化程度。

$$酰化程度(\%) = \frac{原蛋白质的吸光度 - 酰化后蛋白质的吸光度}{原蛋白质的吸光度} \times 100 \qquad (9.7)$$

吸光度表示游离氨基与茚三酮试剂的反应程度,吸光度越大表示乙酰化蛋白质的酰化程度越低。

4.乙酰化蛋白质功能性质的测定。蛋白质的水合能力、乳化性、起泡性、凝胶性能的测定方法见第4章实验四至实验七。

四、预期结果

确定适宜的条件,获得理想的蛋白质功能性质。

五、注意事项

1.乙酸酐极易水解,浓度越低,温度越高,水解越快。在水溶液中,极性的蛋白质束缚了大量的水,使酸酐水解受到抑制,降低酰化程度,而非水环境则可以获得高乙酰化度的产品。

2.随着乙酸酐加量的增加,大豆分离蛋白的改性程度提高,其溶解性、乳化性及乳化稳定性和起泡性及泡沫稳定性明显提高。

方法二 酶法改性蛋白质的制备及其性能测定

一、实验原理

采用不同蛋白酶对蛋白质进行酶解,使蛋白质结构发生较大幅度重排,导致一些原来包埋在蛋白质分子内部的疏水区外露在溶剂中,生成不同相对分子质量的肽段,从而使得蛋白质酶解产物的水溶性、功能特性以及生物活性等呈现显著改变。蛋白质在酶的作用下降解成肽类以及更小分子的氨基酸。限制性酶解(limited hydrolysis)可实现酶解产物多样性的调控,得到不同需求的功能性蛋白质。

二、实验试剂与仪器

1.试剂

氢氧化钠、盐酸,试剂均为分析纯。蛋白酶(碱性蛋白质、中性蛋白酶、木瓜蛋白酶等)。

2.主要仪器

电子天平、高速剪切混合乳化机、紫外可见分光光度计、恒温水浴锅、离心机、电动搅拌器、酸度计。

3.试样

大豆分离蛋白。

三、实验方案提示

1.酶解液的制备。配制一定浓度的大豆分离蛋白溶液,在80 ℃下加热处理15 min。调节温度及 pH 值至实验设定值,加入反应所需的酶量,并低速搅拌。在反应过程中以1 mol/L的 NaOH 或 1 mol/L HCl 维持 pH 值恒定(±0.1 pH 单位),水解至预定时间后,将酶解液置于沸水浴中 10 min 钝化蛋白酶,冷藏备用。

2. 水解度的测定。采用甲醛滴定法或 pH-Stat 法测定蛋白质水解度。

3. 酶解条件的优化。以水解度为考察指标,设计单因素实验或正交试验确定酶种类、加酶量、pH 值、酶解温度和时间、料液比等酶解条件,测定酶解蛋白的溶解性、保水性、乳化性、发泡能力、凝胶性等功能特性。

四、预期结果

确定适宜的酶解条件,改善改性蛋白质的功能性质。

五、注意事项

1. 不同的酶作用条件不同,优化出一种酶的改性条件。

2. 以水解度(DH)为指标,比较不同蛋白酶在不同酶解条件下水解产物的功能特性。

⇨ **思考题**

1. 酰化对大豆分离蛋白的分子结构、溶解性、发泡性、乳化性和凝胶性有何影响?

2. 蛋白质酶解时,是否水解度越大,其酶解产物的功能特性就越好?

3. 提高蛋白质溶解性的方法有哪些?

实验三　类可可脂的制备及性能的测定

可可脂的脂肪酸组成主要为棕榈酸 25.5%，硬脂酸 34.0%，油酸 35.1%，亚油酸 3.4%，其他 2.0%，Sn-2 位主要的脂肪酸为油酸（含量约为 68.7%），脂肪酸的分布主要分为 POP(15.2%)、POS(37.3%) 和 SOS(26.8%)。可可脂独特的脂肪酸构型决定了类可可脂重要的生产工艺是以 Sn-2 位油酸含量较多的油脂为底物，用硬脂酸、棕榈酸及衍生物如硬脂酸甲酯等调整 Sn-1,3 位的脂肪酸，从而获得与可可脂相似的脂肪酸构型。

一、实验原理

在无溶剂系统中，利用富含油酸的油脂在 1,3-位特异性脂肪酶催化作用下，与硬脂酸甲酯在一定条件下进行酯交换反应。利用酯交换程度来评价各反应影响因素如反应温度和时间、加酶量、底物配比、脂肪酸添加比例和酶初始水活度对反应的影响。利用气相色谱法测定油脂中的脂肪酸含量，并比较反应前后脂肪酸含量的变化情况。按式 (9.8) 计算酯交换程度。

$$酯交换程度 = \frac{反应后棕榈酸和硬脂酸质量分数之和 - 原油中棕榈酸和硬脂酸质量之和}{60 - 原油中棕榈酸和硬脂酸的质量分数之和} \times 100$$

$$(9.8)$$

式中：60——天然可可脂脂肪酸组成中硬脂酸和棕榈酸的质量分数总和。

二、实验试剂与仪器

1. 试剂

Lipozyme TLIM 脂肪酶、硬脂酸甲酯、硬脂酸、棕榈酸、正己烷、石油醚、乙醚，试剂均为分析纯。

2. 主要仪器

气相色谱分析仪、三用紫外分析仪、恒温振荡器、旋转蒸发仪、离心机、精密电子天平，电冰箱等。

3. 试样

茶油、乌桕脂油。

三、实验方案提示

1. 制备方法。分别称取 10.00 g 油脂和 2.00 g 硬脂酸甲酯于 50 mL 锥形瓶中，将其放入带水浴的恒温磁力搅拌器中，在一定速度和温度下进行搅拌，然后加入用适量水进行活化过的脂肪酶，进行酯交换反应，反应到一定时间后终止反应，离心分离，然后对产物进行分析。

2. 工艺条件优化。考察温度、时间、酶量、底物浓度比、水分等因素对可可脂得率的影响，设计正交实验确定优化条件。

3. 气相色谱法测定脂肪酸含量（见第 3 章实验五）。

4.产品得率的测定。采用气相色谱测定酯交换产物甘油三酯的结构组成。类可可脂产品得率按公式(9.9)计算。

$$产品得率(\%) = \frac{POS+SOS}{POP+POS+SOS} \times 100 \qquad (9.9)$$

式中:P——棕榈酸;

　　O——油酸;

　　S——硬脂酸;

　　POS,POP,SOS,POS——分别代表甘油三酯的简写。

四、预期结果

比较反应前后脂肪酸含量的变化;确定酯交换的最佳条件。

五、注意事项

1.若用固定化脂肪酶,重复利用,能减少成本。

2.气相色谱法测定脂肪酸含量时可根据仪器选择适宜的色谱条件。

⇨ **思考题**

1.酶法酯交换制备类可可脂时,哪些因素影响得率?

2.阐述气相色谱法测定脂肪酸含量时应注意哪些问题?

实验四 真菌多糖的提取与测定

真菌多糖根据溶解性可分为水可溶性多糖和水不溶性多糖,水不溶性多糖又可分为酸溶性和碱溶性多糖。依据"相似相溶"原理,可采用水提法、酸提法、碱提法、盐提法、有机溶剂提法、酶提法等。本实验主要介绍水提法。

一、实验原理

真菌多糖的主链一级结构是均多糖,目前发现有葡聚糖(如香菇多糖和裂褶菌多糖)和甘露聚糖(如冬虫夏草和银耳多糖)两类。根据大多数真菌多糖可溶于冷水,在热水中呈黏液状,遇乙醇能沉淀的原理,采用热水浸提法,然后用乙醇沉淀,离心分离得到粗多糖提取物。将粗多糖再进行脱除蛋白质、脱色、除小分子杂质,用柱层析进行多糖组分的分离纯化。通过测定羟基自由基($\cdot OH$)和超氧阴离子自由基(O_2^{-})的清除率,来评价多糖抗活性氧自由基的能力。

二、实验试剂与仪器

1. 试剂

苯酚、邻苯三酚、葡萄糖、无水乙醇、浓硫酸、乙醇、乙醚、三氯乙酸、硫酸亚铁、过氧化氢、Tris-HCl(pH=8.2)缓冲液,试剂均为分析纯。

2. 主要仪器

电子天平、高速离心机、高速万能粉碎机、旋转蒸发仪、超声波细胞粉碎机、紫外可见分光光度计、恒温水浴锅、真空干燥箱。

3. 试样

干香菇、银耳、蘑菇、黑木耳等大型食用或药用真菌。

三、实验方案提示

1. 提取工艺

试样处理→浸提→醇沉→粗提液→除蛋白→脱色→醇沉→离心→干燥→粗多糖

(1)试样的处理。一般植物细胞壁比较牢固,在提取前需进行细胞破碎,可以采用机械破碎(研磨法、组织捣碎法、超声波法、压榨法、冻融法)、溶和自胀、化学处理和生物酶降解,然后将试样置于索氏提取器(用滤纸包裹),用乙醇/乙醚(1:1)溶液在 75 ℃下抽提 8 h,以除去脂肪、部分单糖与脂溶性色素。残渣在 80 ℃下真空干燥待用。

(2)浸提方法。称取 10.00 g 样品,加入设定的水量,在设定温度条件下浸提一定时间,然后离心过滤,上清液用乙醇沉淀,离心,将沉淀物用蒸馏水溶解后除蛋白。

在浸提过程中可辅助应用微波、超声波、酶解和超高压技术进行多糖的提取。提取条件中重点考察料液比(1:10~1:30)、提取次数(2~4)、提取温度(50~100 ℃)和时间(1~4 h)等对多糖提取得率的影响,设计正交试验(或者采用均匀设计法、响应面分析法)确定高收得率多糖的最佳提取条件。

(3)除蛋白。将粗提多糖溶液采用传统的除蛋白方法——三氯乙酸法或者 Sevage 法等去除蛋白质,其中 Sevage 法为实验室常用方法。为了避免使用有机溶剂也可采用反复冻融的方法除蛋白,也可用蛋白酶法将蛋白质水解再透析去除。

(4)脱色。可用吸附法(纤维素、硅藻土、活性炭等)、氧化法(H_2O_2)、离子交换法(DEAE-纤维素)、金属络合物法等方法脱除,DEAE-纤维素是最常用的脱色剂,通过离子交换柱不仅达到脱色的目的,还可以分离多糖。

(5)干燥方法。采用真空干燥。

2.多糖含量的测定。检测多糖含量的传统方法是比色法。常用的比色法有苯酚-硫酸法、蒽酮-硫酸法、3,5-二硝基水杨酸法等,也可使用高效液相色谱法、薄层扫描法等方法测定。

苯酚-硫酸法测定多糖的原理:多糖被浓硫酸在适当高温下水解,产生单糖,并迅速脱水形成糠醛衍生物,在强酸条件下与苯酚起显色反应,生成橙色物质。在 490 nm 处测定吸光度。在一定浓度范围内,吸光度与多糖浓度呈线性关系。

葡萄糖标准曲线的制备:精密称取 105 ℃干燥至恒重的葡萄糖对照品,配置成 0.04 mg/mL 标准溶液。用移液管吸取标准品溶液 0.2 mL、0.4 mL、0.6 mL、0.8 mL、1.0 mL、1.2 mL、1.4 mL、1.6 mL、1.8 mL、2.0 mL,分别置于 10 mL 的具塞刻度试管中,依次添加蒸馏水使其最终体积为 2 mL,各管再加入 5% 苯酚 1.0 mL,混匀,迅速加入 5.0 mL浓硫酸,摇匀,静置 20 min 后,在 490 nm 处以蒸馏水为参比测定吸光度,以葡萄糖标准浓度(C mg/mL)为横坐标,以吸光度(A)为纵坐标,绘制标准曲线。计算出标准曲线的回归方程。

样品溶液的制备:称取处理过的多糖 10.0 mg,置于 100 mL 的量瓶中,蒸馏水定容,浓度为 0.1 mg/mL,放入冰箱中备用。吸取样品溶液 1.0 mL(3 份),分别置于 10 mL 的具塞试管中,补水至 2.0 mL,加入 1.0 mL 5% 苯酚,迅速加入 5.0 mL 浓硫酸,摇匀,静置 20 min 后于 490 nm 处测量吸光度。所得吸光度代入葡萄糖标准曲线的回归方程计算多糖含量,多糖得率按式(9.10)计算。

$$多糖得率(\%) = \frac{多糖含量 \times 样品稀释倍数}{样品重量} \times 100\% \qquad (9.10)$$

3.多糖提取物清除超氧阴离子自由基($O_2^{\cdot-}$)实验。采用邻苯三酚自氧化法测定多糖对超氧阴离子自由基的清除作用。邻苯三酚在弱碱性条件下能发生自氧化,释放出 $O_2^{\cdot-}$,其反应式为:

生成有色的中间产物,可用分光光度法进行测定,当加入一定量的多糖液可对 $O_2^{\cdot-}$ 产生不同的抑制作用,使吸光度发生变化。

取 50 mmol/L Tris-HCl(pH=8.2)缓冲液 5 mL,1 mL 去离子水,1 mL 无水乙醇,混匀后放入 25 ℃水浴锅中保温 20 min,取出后立即加入 25 ℃预温的 3 mmol/L 邻苯三酚 0.5 mL(以 10 mmol/L HCl 配制,空白管用 10 mmol/L HCl 代替邻苯三酚的 HCl 溶液),迅速混匀,倒入比色杯中,准确反应 3 min(加入邻苯三酚时开始计时)后,加入 5% 抗坏血酸(Vc)0.05 mL 终止反应,在 325 nm 处测定吸光度。以等体积 10 mmol/L HCl 代替邻苯三酚溶液为空白调零,对照组以等体积纯水代替样品。

在加入邻苯三酚前,先加入 1 mL 样品溶液,1 mL 去离子水。

按式(9.11)计算 O_2^{-} 清除率:

$$E(\%) = (1 - \frac{A_3 - A_4}{A_1 - A_2}) \times 100 \tag{9.11}$$

式中:E——清除率;

　A_1——邻苯三酚的自氧化吸光度;

　A_2——不含样品和邻苯三酚的吸光度;

　A_3——含有样品和邻苯三酚的吸光度;

　A_4——含有样品但不含邻苯三酚的吸光度。

4.水杨酸法测定多糖对羟自由基·OH 的清除率。参考第 4 章实验七中的方法二。

四、预期结果

1.确定提取多糖的最佳工艺条件。

2.多糖提取液具有抗氧化活性。

五、注意事项

1.脱除蛋白质使用 Sevage 法需要消耗大量的有机溶剂,并且操作烦琐;三氯乙酸可引起多糖的降解,影响多糖的生理活性;酶法价格昂贵,不适合工业化生产,可用天然澄清剂简化提取工艺,提高多糖纯度。

2.植物多糖所含色素大多是负性离子,用活性炭的脱色效果不如弱碱性树脂 DEAE、D280、D392、DuoliteA-7 或用 Al_2O_3 层析柱。活性炭和过氧化氢脱色由于简单易行,被广泛应用,但是过氧化氢可以降解多糖,破坏多糖结构。

3.经典的多糖测定方法为苯酚-硫酸法和蒽酮-硫酸法,均以无水葡萄糖为对照品,分光光度法测定,根据标准曲线计算含量。这两种方法快速、方便、准确,但这两种测定方法对有色样品都不理想,苯酚-硫酸法受样品颜色的影响更大,因此常多用蒽酮-硫酸法测定有色样品的总糖含量。

⇨ **思考题**

1.影响多糖提取率的因素有哪些?

2.阐述酶解法、超声波提取法为什么能提高多糖得率?

3.阐述多糖提取液抗氧化作用与机制?

4.如何得到纯化的多糖?

实验五　辣椒红色素的提取及性质测定

辣椒红色素是一种存在于成熟红辣椒果实中的四萜类橙红色色素。其中极性较大的红色组分主要是辣椒红素和辣椒玉红素,占总量的 50% ~ 60% ,另一类是极性较小的黄色组分,主要成分是 β-胡萝卜素和玉米黄质,这些色素可以采用层析法分离。

一、实验原理

辣椒红色素易溶于有机溶剂,不溶于水和甘油。在一定温度下,采用有机溶剂提取一定时间后,采用碱液脱除辣素,然后浓缩,回收有机溶剂,将浓缩物干燥后,得到辣椒红色素粗产品。

辣椒红分子结构

辣椒玉红素分子结构

β-胡萝卜素

二、实验试剂与仪器

1. 试剂

乙酸乙酯、丙酮、石油醚、乙醚、乙醇、氢氧化钠、实验用水为去离子水,试剂均为分析纯。

2. 主要仪器

粉碎机、索氏提取器、超声波清洗器、微波萃取器、旋转蒸发仪、烘箱、恒温水浴锅、循环水多用真空泵、色差计等。

3.试样

干红辣椒。

三、实验方案提示

1.提取工艺提示

干辣椒 ➡ 破碎 ➡ 有机溶剂提取 ➡ 减压过滤 ➡ 旋转蒸发 ➡ 干燥 ➡ 粗产品

(1)提取方法:将干红辣椒剪碎研细,称取 2.0 g,在 90 ℃15% 的氢氧化钠溶液中浸泡1.5 h,脱除辣味,用水漂洗至中性后脱水。在一定温度下以丙酮等有机溶剂为溶剂,在索氏提取器中提取数小时后,旋转蒸发得到辣椒红色素粗产品。

(2)提取条件研究:目前辣椒红色素提取方法有油溶法、溶剂提取法、超临界二氧化碳萃取法、超声波溶剂提取法、溶剂微波提取法和酶法提取等。

提取过程中设计正交试验,考察提取时的溶剂种类(丙酮、乙醇、乙酸乙酯)、提取时间(2~4 h)、提取温度(80~100 ℃)、料液比(1∶6~1∶12)等条件对辣椒红色素提取率的影响。

(3)计算提取率。

2.色价的测定。根据国标 GB 10783—2008 测定。

3.色素稳定性的研究。考察光照、pH 值、温度、金属离子、添加剂(糖、盐、氧化剂、还原剂)等对色素保存率的影响。

稳定性(保存率)=(样品吸光度/对照样品吸光度)×100% 。

四、预期结果

(1)比较两种提取方法或者溶剂对色素提取率的影响。
(2)确定出高色价、低辣度、无异味辣椒红色素的生产方法。

➪ 思考题

1.色素在提取过程中应注意哪些问题?
2.提高天然色素稳定性的方法有哪些?
3.分离和纯化色素的方法有哪些?

实验六　果胶酶在果汁中的应用

一、实验原理

　　水果的细胞壁主要由纤维素、半纤维素和果胶等组成,其中果胶随成熟度的增加,酯化程度也较高,是影响出汁率的主要因素。果胶酶能随机水解果胶酸和其他聚半乳糖醛酸分子内部的糖苷键,生成相对分子质量较小的寡聚半乳糖醛酸,使果汁黏度迅速下降,利于果汁过滤,提高出汁率,改善果汁澄清效果。当果汁中的果胶在果胶酶作用下部分水解后,原来被包裹在内的部分带正电荷的颗粒暴露出来,与其他带负电荷的粒子相撞,从而导致絮凝,通过离心和过滤可将其除去,以达到澄清目的。

　　利用酶解技术能提高果蔬的出汁率10%~35%,因不同水果中果胶含量和压榨方法的不同而不同。

二、实验试剂与仪器

　　1.试剂

　　蔗糖、氯化锌、氯化铁、盐酸、氢氧化钠,试剂均为分析纯。

　　果胶酶、纤维素酶、抗坏血酸、柠檬酸。

　　2.仪器

　　电子天平、紫外分光光度计、台式高速离心机、打浆机、榨汁机、电子恒温水浴锅、精密 pH 计、阿贝折射仪、纱布等。

　　3.材料

　　苹果、葡萄。

三、实验方案提示

　　1.工艺流程

　　原料清洗──→破碎──→榨汁──→酶解──→离心分离──→澄清──→果汁

　　2.酶解工艺探讨

　　(1)单一果胶酶的应用。考察果胶酶的酶解条件如用酶量(0.01%~0.03%)、温度(30~50 ℃)、时间(30~150 min)、pH 值(3~5)等因素对出汁率的影响,并比较其澄清效果。可以设计单因素或者正交试验分析结果。

　　(2)复合酶的应用。考察果胶酶和纤维素酶复合应用,探讨酶解工艺条件如复合酶的用量、作用温度和时间以及 pH 值。可以设计单因素或者正交试验分析结果。

　　3.测定指标

　　(1)计算出汁率。

$$出汁率(\%) = \frac{果汁质量}{果浆质量} \times 100$$

　　(2)透光度的测定。比较酶解前后果汁的颜色深浅,用分光光度计在最适波长处测定果汁的透光度。

（3）可溶性固形物含量的测定。采用折光法。

（4）果汁色泽稳定性实验

1）热稳定性。将果汁分别置于 40 ℃、60 ℃、80 ℃、100 ℃的恒温水浴中，每隔 30 min 取样，在暗处静置冷却后测定最大波长下的吸光度，分析温度对果汁色泽的影响。

2）食品添加剂的影响。将果汁稀释 20 倍。取 50 mL，分别加入 0.2 mL 0.1 mol/L 的蔗糖、抗坏血酸、柠檬酸，摇匀，测定 0 h、12 h、24 h、36 h 后的吸光度。

3）金属离子的影响。将果汁稀释 20 倍。取 50 mL，分别加入 0.2 mL 0.1 mol/L 的 Na^+、Al^{3+}、Zn^{2+}、Fe^{2+}，在 0 h、12 h、24 h 后测定吸光度。

四、预期结果

1. 确定测定果汁透光率的最适波长。

2. 适宜的酶解条件提高出汁率，改善澄清度。

五、注意事项

应用复合酶酶解时，注意酶的添加顺序和适宜作用条件。

⇨ **思考题**

1. 实验结果可否应用于工业化生产中？分析理由。

2. 描述提高出汁率和果汁稳定性的其他方法。

实验七　茶叶中天然抗氧化剂茶多酚的提取及应用

茶多酚(tea polyphneols,简写 TP)是茶叶中多羟基酚类化合物的混合物,占茶叶干重的 15%~30%,主要由儿茶素类、黄酮苷类、花青苷类、酚酸类、缩酚酸类等 30 多种化学物质组成,其中儿茶素类化合物是茶多酚的主要成分,占茶多酚含量的 65%~80%。儿茶素类化合物主要包括儿茶素(C)、表儿茶素(EC)、表棓儿茶素(EGC)、表儿茶素棓酸酯(ECG)、棓儿茶素棓酸酯(GCG)和表棓儿茶素棓酸酯(EGCG)六种物质。根据茶叶发酵程度的加深,茶多酚含量的高低依次为绿茶、白茶、乌龙茶、红茶、普洱熟茶。茶多酚产品主要用于食品抗氧化添加剂、饮料、口腔保洁剂及化妆品等食品及保健品领域。

一、实验原理

根据茶多酚易溶于温水、乙醇、甲醇、丙酮和乙酸乙酯,微溶于油脂,不溶于氯仿及苯等有机溶剂,有吸湿性,耐热性好的特点,常用方法主要有溶剂提取法、离子沉淀法、柱分离制备法,近来又出现了将超临界萃取技术、超声波法、微波法、复合酶法、超高压法等方法与传统提取技术相结合,开发制备高纯度茶多酚的新工艺。

溶剂提取法是用水和有机溶剂将茶多酚从茶叶中提取出来,工艺简单,但生产周期长、温度高,茶多酚的酚羟基易氧化失去活性,所用溶剂有丙酮、乙醚、甲醇、乙烷及三氯甲烷等,该法生产成本高,易造成污染。

离子沉淀法是利用茶多酚与金属离子反应生成沉淀来生产茶多酚,使用的有机溶剂较少,生产成本低,但在制备过程中需调节酸碱度,造成部分茶多酚的酚羟基因氧化而失去活性,工艺操作严格,废渣、废液处理量大,产品中金属离子残留较高,故使用受到很大的限制。

柱分离制备法是利用柱填料对茶多酚具有吸附-解吸附作用而将其分离纯化出来,工艺简单,操作方便,生产条件温和,生产过程中使用的有机溶剂主要是容易回收且无毒的乙醇溶液,提取出来的茶多酚含量高,具有较好的生物活性,但吸附法的柱填料对茶多酚的吸附选择性不好,需梯度洗脱以除去咖啡因和其他杂质,导致茶多酚得率较低。

超声波提取法是利用超声波的空化作用导致溶液内气泡的形成、增长和爆破压缩,从而使固体样品分散,增大样品与萃取溶剂之间的接触面积,提高茶多酚从固相转移到液相的传质速率。

微波萃取法是利用微波辐射能穿透萃取介质,到达物料内部维管束,使其细胞内部压力超过细胞壁膨胀承受能力,使细胞破裂,细胞内有效成分自由流出,提高萃取速率,同时能降低萃取温度,缩短萃取时间。

二、实验试剂与仪器

1.实验试剂

酒石酸亚铁、无水硫酸钠、硫酸亚铁、酒石酸钾钠、磷酸氢二钠、磷酸二氢钾、乙酸乙酯,试剂均为分析纯。

酒石酸亚铁溶液:称取 1.000 0 g 硫酸亚铁和 5.000 0 g 酒石酸钾钠,用水溶解并定容至 1 L(避光、低温保存,现配现用)。

pH=7.5 磷酸盐缓冲液:取磷酸氢二钠溶液(称取磷酸氢二钠 23.377 g,加水溶解后定容至 1 L)85 mL 和磷酸二氢钾溶液(称取磷酸二氢钾 9.078 g,加水溶解后定容 1 L)15 mL混合均匀。

2. 主要仪器和设备

电子天平、离心机、分光光度计、超声波清洗器、粉碎机、微波炉、真空干燥箱、真空泵、布氏漏斗等。

3. 实验材料

绿茶、红茶、色拉油。

三、实验方案提示

1. 茶多酚提取工艺

干茶叶━━粉碎━━水浸提━━过滤━━萃取━━无水硫酸钠干燥━━减压蒸馏━━粗茶多酚

将茶叶于 105 ℃烘箱中烘干 2 h,粉碎过 80 目筛后装瓶密封备用。

称取粉碎后茶叶末 3.00 g,按一定料水比加入 90 ℃以上的热水中,浸提一定时间,过滤,滤液用 250 mL 的乙酸乙酯萃取两次,合并有机相,再用无水硫酸钠干燥,减压蒸馏除去乙酸乙酯溶剂,得黄色粉末状茶多酚,称量,计算提取率。

实验设计:选择料水比、浸提时间、滤液与有机溶剂比、提取次数设计正交试验,测定茶多酚的提取率,确定适宜的提取条件。

2. 测定方法

(1)茶多酚含量的测定。参照 GB/T 8313—2002 、GB/T 8313—2008。采用酒石酸亚铁比色法。其原理是茶叶中的多酚类物质能与亚铁离子形成紫褐色络合物,络合物溶液颜色的深浅与茶多酚含量成正比,因此,用分光光度法测定其 540 nm 处的吸光度,根据绘制的标准曲线计算茶多酚的含量。

标准曲线的绘制:称取茶多酚 0.100 0 g,加水溶解后移入 100 mL 容量瓶,用水稀释至刻度,得到 100 mg/L 的标准溶液,分别取 2.0 mL、4.0 mL、6.0 mL、8.0 mL、10.0 mL 的标准溶液于 50 mL 的容量瓶中,用水稀释至刻度,在 540 nm 处以水为空白测定吸光度,实验重复三次,绘制标准曲线。

样品茶多酚含量的测定:称取 0.1 g 提取的茶多酚,加水溶解后定容至 100 mL,取10 mL定容至 100 mL。吸取样品溶液 1 mL 于 25 mL 容量瓶中,加水 4 mL 和酒石酸亚铁溶液 5 mL,充分混合,再加 pH=7.5 磷酸盐缓冲液至刻度,用 1 cm 比色皿在波长 540 nm处,测定吸光度(A)。以蒸馏水为空白溶液作为参比。茶多酚含量按式(9.12)计算。

$$\omega = \frac{A \times 3.913}{1\ 000} \times \frac{V_1}{V_2 \times m} \times 100\% \tag{9.12}$$

式中:ω——茶多酚含量,g;

V_1——试液的总量,mL;

V_2——测定时的用液量,mL;

m——试样烘干水分后的质量,g;

A——试样的吸光度;

3.913——用 1 cm 的比色皿当 A 值等于 1.0 时,试液中所含有的茶多酚相当于3.913 mg/mL。

(2)茶多酚对油脂的抗氧化性实验。烘箱法测定茶多酚对各种油脂的氧化稳定性。油脂过氧化值的测定采用 GB/T 5538—2005。

在油脂中分别加入 0.01%、0.02%、0.04% 的茶多酚(20% 茶多酚乳剂) 及 0.02% 和 0.04% 的维生素 E 混合均匀,将油放入(65±1)℃ 的烘箱中,鱼油在(28±2)℃ 下放置,每隔一定时间测定油脂的过氧化值,样品平行测定两份,同时设两个空白确定直接添加和用 5 倍无水乙醇溶解后加入的方法。

实验八 从牛奶中分离乳脂、酪蛋白和乳糖

一、实验原理

从鲜奶中分离奶油用离心分离,在离心场下,鲜奶中脂肪球因比重轻于水而上浮,在离心管上凝结成一层,可直接取出。

脱脂乳在酸或酶的作用下沉淀酪蛋白,利用酸沉时达到酪蛋白的等电点 pH = 4.6 时,即可分离出酪蛋白。脱脂乳除去酪蛋白后的液体为乳清,用碳酸钙中和乳液,并沉淀乳白蛋白,然后将滤液进行浓缩,于浓缩液中加乙醇和少量活性炭,真空过滤使滤液澄清。放置过夜后,α-乳糖便在冷却时结晶析出,杂质可用活性炭及助滤剂吸附去除。

二、实验试剂和仪器

1. 试剂

10% 乙酸、碳酸钙、95% 乙醇、活性炭、硅藻土、5% 醋酸铅溶液、浓硝酸、乳糖、半乳糖、葡萄糖。

米伦试剂:将汞 100 g 溶于 140 mL 浓硝酸(比重 1.42)中,再用 2 倍体积水稀释之。配制时注意因作用剧烈,应少量配制,容器容量也应该大些,缓慢操作,并在通风橱中操作。

2. 主要仪器

电炉、电子天平、离心机、真空泵、冰箱、试管架等。

3. 材料

鲜牛奶。

三、实验方案提示

1 从牛奶中分离乳脂。取 50 mL 鲜奶于离心管中,在 4 000 r/min 的速度下离心 5 ~ 10 min,直到奶油层完全形成,然后用小钢勺轻轻将乳脂层分离取出。

2. 从牛奶中分离酪蛋白。将脱脂乳在水浴锅上温热至 40 ℃,逐滴加入 10% 乙酸溶液,使其 pH 值达到 4.6,直至酪蛋白不再析出,静置冷却至室温,直至形成无定形的大块状物质,倾去上层乳清(用于乳糖的分离)。将沉淀物离心,倾去上清液(与上一清液合并),然后在空气中自然干燥一天(也可以在 105 ℃烘干),得酪蛋白粗品,计算产率。

3. 从牛奶中分离乳糖。除去酪蛋白的乳清中加入 5 g 碳酸钙粉末,搅拌均匀后加热至沸,沸腾 3 ~ 4 min,这一加热过程使白蛋白近乎完全沉淀,将热的混合物真空过滤以除去白蛋白和残余碳酸钙。在滤液中加入 1 ~ 2 粒沸石,加热浓缩至溶液剩余约 10 mL,于热溶液中加 95% 乙醇 20 mL(注意离开明火)和 1 ~ 2 g 活性炭,混匀后,在水浴上加热至沸腾,趁热过滤,滤液必须澄清。滤液转入一锥形瓶,加上塞,静置过夜,乳糖结晶析出,抽滤,用 95% 乙醇洗涤,充分干燥后称量,并计算乳糖得率。

思考题

1. 如何使分离出的乳脂转变为奶油？
2. 如何鉴定分离出的酪蛋白和乳糖？
3. 生产中用乙醇促进乳糖结晶显然是不经济的，你能找出更好的方法吗？

实验九　芦笋中黄酮类物质的提取、分离与测定

一、实验原理

黄酮类化合物泛指两个具有酚羟基的苯环(A–环与B–环)通过中央三碳原子相互连接而成的一类化合物,其基本母核为2–苯基色原酮。在植物体内大部分黄酮类化合物与糖成苷,一部分以苷元形式存在。其溶解度因结构及存在状态不同而有很大差异。

总黄酮类化合物的提取及测定主要利用他们可溶于乙醇、热水或甲醇,而不溶于乙醚,以乙醚除去植物材料中的脂溶性杂质,再用乙醇、热水或甲醇提取植物组织中黄酮类化合物。黄酮类化合物一般都含酚羟基,显酸性,故都可溶于碱中,加酸后又沉淀出来,可利用此性质提取和分离黄酮类化合物。利用柱色谱技术和逆流色谱法分离纯化黄酮类化合物。

利用硝酸铝与黄酮类化合物作用后生成黄酮的铝盐络离子呈黄色,该络合物在510 nm处有强的光吸收,其颜色的深浅与黄酮含量成一定的比例关系,可定量测定黄酮类化合物。

二、实验试剂和仪器

1. 试剂

芦丁标准品、氢氧化钠、亚硝酸钠、硝酸铝、无水乙醇、乙醚、甲醇、乙酸乙酯等。

2. 主要仪器

电子天平、高速组织捣碎机、恒温水浴锅、紫外可见分光光度计、超声波清洗器、旋转蒸发仪、恒温鼓风干燥箱等。

3. 材料

芦笋皮。

三、实验方案提示

1. 黄酮类物质的测定方法

(1)标准曲线绘制。准确称取在120 ℃、0.06 MPa条件下干燥至恒重的芦丁200 mg,置于100 mL容量瓶中,用30%乙醇定容备用。

取7支具塞刻度试管,分别加入0 mL、0.5 mL、1.0 mL、1.5 mL、2.0 mL、2.5 mL、3.0 mL芦丁标准液,各加入5%亚硝酸钠溶液0.3 mL,混匀后静置5 min;再加入10%硝酸铝溶液0.3 mL,混匀后静置6 min,加入1 mol/L氢氧化钠溶液2 mL,再加入30%乙醇使总体积为10 mL,混匀后静置10 min,在波长510 nm处测定吸光值,制作标准曲线。

(2)样品测定。取1.0 mL提取液于具塞试管中,其余按标准曲线操作步骤进行,在510 nm处测吸光值。同时做空白实验。

(3)计算

$$总黄酮含量(\%) = \frac{Y \times 250 \times 10}{m \times 1\,000} \times 100 \qquad (9.13)$$

式中:*Y*——根据标准曲线得到的黄酮类化合物含量,mg/mL;

    m——样品质量,g。

2. 提取方法。称取样品 5 g 左右置于碘量瓶中,加入少量 85 ℃的蒸馏水或其他提取剂,然后将碘量瓶置于 85 ℃水浴恒温振荡器中提取 10 min,取出将滤液转移至 250 mL 容量瓶中反复洗涤后定容,备用。

目前的提取方法有溶剂提取法、酶解法、微波提取法、超声波提取法、超临界流体萃取法、双水相萃取分离法等。选择一种或复合提取技术,考察提取剂、料液比、提取时间和温度等条件对黄酮得率的影响。

3. 分离纯化。分离纯化的方法有柱层析法(聚酰胺柱色谱、硅胶柱色谱、葡聚糖凝胶柱层析、大孔吸附树脂法)、梯度 pH 萃取法、铅盐沉淀法、膜分离法、高速逆流色谱法、纸层析法、高效液相色谱法等。选择一种分离纯化技术,考察不同分离纯化条件下的纯化效果。

4. 测定黄酮类物质的抗氧化活性。

四、预期结果

1. 通过单因素及正交试验或响应面法优化试验,确定提取黄酮类化合物的适宜条件。

2. 确定分离纯化的适宜条件。

3. 分离出的黄酮类化合物具有抗氧化活性。

⇨ 思考题

1. 阐述黄酮类物质提取、分离纯化的关键技术。

2. 测定黄酮类物质时应注意哪些问题?

3. 阐述黄酮类物质的生理功能。

实验十 膳食纤维的制备及其性能的测定

一、实验原理

膳食纤维指小肠中不能被消化和吸收的碳水化合物和木质素,其聚合度(DP)不小于3。根据其水溶性可分为水不溶性膳食纤维和可溶性膳食纤维。

试样经 α-淀粉酶、葡萄糖苷酶、蛋白酶酶解后,除去淀粉和蛋白质,酶解后样液用乙醇沉淀、过滤,残渣用乙醇和丙酮洗涤,干燥后即为总膳食纤维(TDF)残渣。试样经 α-淀粉酶、葡萄糖苷酶、蛋白酶酶解后直接过滤,残渣用热水洗涤,干燥后即为不溶性膳食纤维(IDF)残渣;滤液用 4 倍体积的 95% 乙醇沉淀、过滤、干燥后即为可溶性膳食纤维(SDF)残渣。以上所得残渣干燥称重后分别测定蛋白质和灰分。

TDF、IDF、SDF 的残渣扣除蛋白质、灰分和空白即可得出试样中可溶性膳食纤维和不溶性膳食纤维含量。

二、实验试剂和仪器

1. 试剂

氢氧化钠、氯化钠、碘化钾、硼酸、硫酸钾、硫酸铜、硫酸、盐酸、乙二胺四乙酸二钠、硼酸钠、十二烷基硫酸钠、乙二醇乙醚、十二水合磷酸氢二钠、丙酮、无水亚硫酸钠、亚硝酸钠、盐酸萘乙二胺、对氨基苯磺酸、胆酸钠,无水乙醚、过氧化氢等,试剂均为分析纯。

2. 主要仪器

超声波或微波提取设备、真空泵、过滤装置、电子天平、粉碎机、干燥箱、分光光度计、水浴锅、离心机、磁力加热搅拌器、粗脂肪测定仪、粗蛋白测定仪、马弗炉、pH 计等。

3. 材料

蜜柚皮、芦笋皮等。

三、实验方案提示

1. 测定膳食纤维含量。参考 GB/T 5009.88—2008 测定水不溶性膳食纤维、可溶性膳食纤维和总膳食纤维的含量的方法。

2. 膳食纤维的提取工艺流程

蜜柚皮━━▶粉碎━━▶提取剂提取━━▶超声波或微波辅助提取━━▶过滤━━▶漂洗滤渣━━▶过氧化氢漂白━━▶干燥━━▶成品

制备方法有粗分离法(利用液体悬浮法和气流分级法除去粗蛋白、脂肪、淀粉等)、化学法(使用酸法、碱法、酸碱结合法和絮凝剂法处理后,离心分离、过滤、乙醇沉淀)、酶法(用淀粉酶、蛋白酶、纤维素酶等除去淀粉和粗蛋白等物质)、膜分离法、发酵法以及酶-化学复合法等。

选择两种制备方法,比较其膳食纤维的功能特性。

以膳食纤维提取率为衡量指标,考率各因素对其提取率的影响。在单因素实验的基础上,确定正交试验或响应面法优化实验的因素和水平,通过数据分析确定适宜的提取参数。

3. 膳食纤维理化特性和功能特性的测定

(1)测定可溶性膳食纤维的相对分子质量分布和单糖组分。

(2)理化特性评价指标主要有色泽、水分、粗蛋白质、粗灰分、粗纤维、不溶性膳食纤维等。

(3)功能特性评价指标主要有休止角、滑角、持水力、持油力、水溶性、膨胀力、亚硝基清除能力、阳离子交换能力、对胆酸钠的吸附能力等。

四、预期结果

通过正交试验或响应面法优化实验,确定料液比、提取剂用量、超声波或微波功率及辅助提取时间等的适宜参数,使膳食纤维提取率最高;探索不同提取方法的提取效果。

⇨ 思考题

1. 影响膳食纤维得率的因素有哪些?

2. 探讨不同方法制备的膳食纤维的功能特性的差异。

➡ 参考文献

[1] 吴仲儿,黄绍华.食品化学实验[M].广州:暨南大学出版社,1994.

[2] 赵国华.食品化学实验原理与技术[M].北京:化学工业出版社,2009.

[3] 徐玮,汪东风.食品化学实验和习题[M].北京:化学工业出版社,2008.

[4] 邓天龙,廖梦霞.生物化学实验[M].成都:电子科技大学出版社,2006.

[5] 李建武.生物化学实验原理和方法[M].北京:北京大学出版社,1994.

[6] 赵永芳.生物化学技术原理及其应用[M].武汉:武汉大学出版社,1994.

[7] 黄晓钰,刘邻渭.食品化学综合实验[M].北京:中国农业大学出版社,2002.

[8] 李合生.植物生理生化试验原理和技术[M].北京:高等教育出版社,2000.

[9] 张治安.植物生理学实验技术[M].吉林:吉林大学出版社,2008.

[10] 田纪春.谷物品质测试理论与方法[M].北京:科学出版社,2006.

[11] 汪东风.食品科学实验技术[M].北京:中国轻工业出版社,2006.

[12] 陈运中.天然色素的生产及应用[M].北京:中国轻工业出版社,2007.

[13] 刘钟栋.食品添加剂原理及应用技术[M].北京:轻工业出版社,2000.

[14] 江建军.食品添加剂应用技术[M].北京:科学出版社,2010.

[15] 胡国华.食品添加剂在饮料及发酵食品中的应用[M].北京:化学工业出版社,2005.

[16] 梁朗都.食品添加剂在饮料中的应用[M].北京:中国轻工业出版社,2007.

[17] 赵征.食品工艺学实验技术[M].北京:化学工业出版社,2009.

[18] 胡小松,蒲彪.软饮料工艺学[M].北京:中国人民大学出版社,2002.

[19] 宁正祥.食品成分分析手册[M].北京:中国轻工业出版社,1998.

[20] 杨修斌.新型类可可脂制备技术的研究[M].广州:华南理工大学出版社,2011.

[21] 张惟杰.糖复合物生化研究技术[M].杭州:浙江大学出版社,1999.

[22] 王清滨,陈国良.食品着色剂及其分析方法[M].北京:化学工业出版社,2004.

[23] 郑建仙.功能性膳食纤维[M].北京:化学工业出版社,2005.

[24] 苏鹏,王欣,刘宝林,等.水分含量及添加剂对面团玻璃化转交温度的影响[J].食品科学,2007, 28(8):97-100.

[25] 詹世平,陈淑花,刘华伟,等.淀粉的玻璃化转变温度与含水量的关系[J].食品科学,2006,27(6):28-31.

[26] 董怀海.大豆分离蛋白的提取及其改性方法[J].西部粮油科技,2001,26(1):34-35.

[27] 高兴,李桂娟.碱提酸沉法提取燕麦蛋白的工艺研究[J].中国西部科技,2010,9(31):29-31.

[28] 周伯川,杨帆.膜法提取大豆分离蛋白的研究[J].膜科学与技术,1996,18(6):22-24.

[29] 徐英操,刘春红.蛋白质水解度测定方法综述[J].食品研究与开发,2007,28(7):173-176.

[30] 姚玉静,崔春,邱礼平,等.pH-stat法和甲醛滴定法测定大豆蛋白水解度准确性比较[J].食品工业科技,2008,29(9):268-270.

[31] 张波,魏益民,康立宁,等.挤压参数对组织化大豆蛋白持水性的影响[J].农业工程学报,2007, 25(11):260-263.

[32] 郭兴凤,慕运动,阮诗丰.不同测定方法对大豆分离蛋白乳化性测定结果的影响[J].食品研究与开发,2007,28(2):129-131.

[33] 顾振宇,江美都,付道才,等.大豆分离蛋白乳化性的研究[J].中国粮油学报,2000,15(3):32-35.

[34] 田少君,金蓓,杨滨.多糖类稳泡剂对大豆分离蛋白起泡性的影响[J].中国油脂,2006,31(4):20-23.

[35] 王丽,张英华.大豆分离蛋白的凝胶性及其应用的研究进展[J].中国粮油学报,2010,25(4):96-99.

[36] 张华江,迟玉杰.两种改性技术提高大豆分离蛋白凝胶性能的研究[J].中国粮油学报,2008,23(4):56-60.

[37] 刘薇,王宏君,赵建,等.邻二氮菲-Fe^{2+}法测定保健食品的抗氧化能力[J].食品科学,2010,31(18):333-337.

[38] 刘昭明,黄翠姬,孟陆丽,等.核桃蛋白肽的抗氧化活性研究[J].食品与发酵工业,2009,35(1):58-61.

[39] 冯涛,阎婷婷,阎国荣,等.红花提取物清除自由基能力的初步研究[J].天津农学院学报,2010,17(1):6-9.

[40] Axelrod B. Methods in Enzymology[M]. New York:Academic Press. Inc. 1981. 71:441-445.

[41] Gnossman S,Zaknt R. Determination of the activity of lipoxidase[J]. Methods Biochem. Anal,1979,25:303.

[42] 蒋和体,今泉胜己,佐藤匡央.大豆脂肪氧化酶酶活性变化研究[J].中国粮油学报,2006,21(3):133-135.

[43] 王伟玲,王展,王晶英.植物过氧化物酶活性测定方法优化[J].实验室研究与探索,2010,29(4):21-23.

[44] 杨昌鹏,黄华梅.果蔬多酚氧化酶酶促褐变的控制[J].食品研究与开发,2008,29(10):135-138.

[45] 王向阳,姜丽佳,王忠英.莲藕的酶促褐变及其储藏中褐变的控制[J].农业工程学报,2009,25(4):276-280.

[46] 朱维军,陈月英.大枣加工中氧化型维生素C和还原型维生素C的变化[J].果树学报,2006,23(3):465-467.

[47] 杨彬,周裔彬,刘旭光,等.调味饮料中维生素C在加工及储藏过程中的变化[J].饮料工业,2010,13(9):12-15.

[48] 张静,曹炜,曹艳萍,等.红枣汁中维生素C热降解的动力学研究[J].农业工程学报,2008,24(6):295-298.

[49] 王喜明,刘玉欣,常凤启,等.滴定法测定保健食品中的钙[J].中国卫生检疫杂志,2006,16(6):754-755.

[50] 加建斌.高锰酸钾滴定法测定补钙制品中的钙含量[J].安徽农业科学,2007,35(23):7076-7077.

[51] 陆益民.离子选择性电极法测定味精生产中的钙含量[J].中国调味品,2004,10(10):37-39.

[52] 王丹红,吴文晞,陈祥明,等.低温密封消解ICP-OES法测定烤鳗中的钙-铁-锌-铜-锰-镁[J].分析实验室,2008,27:343-344.

[53] 栾崇林,黎源倩.流动注射激光诱导荧光光度法测定食品中的铁[J].分析试验室,2003,22(3):74-76.

[54] 李金梅,杨秋林,许辉,等.邻二氮菲分光光度法测定枸杞中铁的提取率[J].内蒙古农业大学学报,2009,30(1):278-281.

[55] 岳志劲,王海清,刘永文,等.邻二氮菲分光光度法测定黄芪中铁的溶出率[J].光谱实验室,

2008,25（2）:205-208.

[56] 陈蓓莉,刘珊珊,张秀玲.蓝莓果汁乳饮料稳定性的研究[J].东北农业大学学报,2006,37(6):779-782.

[57] 胡培亮.植物蛋白饮料乳化剂的选择研究[J].食品工业科技,2006,27(12):189-190.

[58] 孙鹏.大豆蛋白改性技术的研究[J].食品研究与开发,2005,26(5):l15-l17.

[59] 史新慧,王兰.小麦面筋蛋白改性的研究[J].郑州粮食学院学报,2000,(1):27-28.

[60] 黄志良,宁正祥.转谷氨酰胺酶对乳蛋白质的改性作用[J].食品工业科技,2002,23(3):77-79.

[61] 赵新淮,冯志彪.蛋白质水解物水解度的测定[J].食品科学,1994,11:65-67.

[62] 李玉珍,肖怀秋.大豆分离蛋白不同酶解方式水解度与乳化性和起泡性关系[J].氨基酸和生物资源,2009,31(2):30-32.

[63] 赵新淮,侯瑶.大豆蛋白限制性酶解模式与产品胶凝性的相关性[J].农业工程学报,2009,25(1):218-221.

[64] 桂向东,黄玉玲.大豆分离蛋白乙酰化功能特性研究[J].现代农业科学,2009,16(3):16-17.

[65] 孙素玲,张干伟,汤坚,等.酶促酯化合成多不饱和脂肪酸甘油酯[J].食品工业科技,2006,27(8):139-143.

[66] 郑毅,郑楠,卓进锋,等.利用脂肪酶提高鱼油中多不饱和脂肪酸(PUFAs)甘油酯[J].应用与环境生物学报,2005,11(5):571-574

[67] 刘书成,章超桦,洪鹏志,等.有机溶剂中酶促酯化合成n-3PUFA甘油酯的研究[J].中国粮油学报,2006,21(3):146-151.

[68] 傅伟昌,陈尚卫,顾小红,等.癫葡萄籽油的特异甘油三酯的酶法酯交换制备[J].中国油脂,2009,34(9):44-47.

[69] 何川,杨天奎.影响酶法酯交换中甘二酯含量的因素研究[J].中国油脂,2004,29(4):35-37.

[70] 孙晓洋,孟宏昌,毕艳兰,等.Lipozyme TL IM脂肪酶催化茶油酯交换制备类可可脂的研究[J].中国粮油学报,2009,24(12):72-76,87.

[71] 吴华昌,邓静,罗惠波,等.无溶剂系统酶促POMF连续化酯交换反应生产类可可脂研究[J].粮食与油脂,2004,(4):19-20.

[72] 林志勇,裘爱泳.无溶剂状态下乌桕皮油酶促酯交换改性制取类可可脂的研究[J].中国油脂,1998,23(1):9-13.

[73] 尹顺义.有机相酶促反应棕榈油制类可可脂[J].食品与发酵工业,1995,(2):17.

[74] 胡芳,韦富香,王志成,等.基于响应面的酶法酯交换制备乌桕脂油类可可脂[J].食品研究与开发,2010,31(3):94-97.

[75] 付学鹏,杨晓杰.植物多糖脱色技术的研究[J].食品研究与开发,2007,28(11):166-169.

[76] 吕磊.大枣多糖的提取分离与脱色研究[D].西安:西北大学,2003.

[77] 付娟妮,刘兴华,蔡福带,等.真姬菇菌丝体多糖碱提取工艺优化[J].农业机械学报,2008,39(6):99-101.

[78] 马利华,秦卫东,陈学红,等.膜技术分离纯化牛蒡多糖的研究[J].食品工业科技,2009,30(1):231-233.

[79] 刘萍.四种真菌多糖及其配方的体外抗氧化研究[D].郑州:郑州大学,2009.

[80] 赵宁,王艳辉,马润宇.从干红辣椒中提取辣椒红色素的研究[J].北京化工大学学报,2004,31(1):15-17.

[81] 刘振华,丁卓平,董文文.辣椒中红色素的提取工艺研究[J].食品科学,2006,27(12):291-295

[82] 顾红梅,张新申,蒋小萍.超声波法和冻结-融解法相结合提取紫薯中花色苷[J].食品科学,2004,25(7):104-107.

［83］ 张妙玲,陈效.微波法提取天然紫菜薹色素的研究[J].食品研究与开发,2004,(4):48-49.

［84］ 李守君.超临界流体 CO_2 萃取枸杞子红色素的工艺条件研究[J].中国食品添加剂,2004,(2): 25-27.

［85］ 赵慧芳,李维林,王小敏.食品添加剂和金属离子对黑莓色素稳定性的影响[J].食品研究与开发,2009,30(11):13-18.

［86］ 宋维春.用果胶酶提高胡萝卜出汁率方法[J].食品与发酵工业,2004,30(12):155-156.

［87］ 王海棠,李燕,邹盈,等.果胶酶和纤维素酶对尤力克柠檬出汁率的影响[J].农产品加工,2010, (3):56-58.